CHEMISCHE BESTIMMUNGSMETHODEN VON STEROIDHORMONEN IN KÖRPERFLÜSSIGKEITEN

VON

WILHELM ZIMMERMANN

DIPLOMCHEMIKER, DR. MED. HABIL., DR. PHIL., DOZENT FÜR HYGIENE
AN DER UNIVERSITÄT BRESLAU, JETZT MEDIZINALRAT UND DIREKTOR
DES STAATL. MEDIZINALUNTERSUCHUNGSAMTES TRIER

MIT 14 ABBILDUNGEN

SPRINGER-VERLAG
BERLIN HEIDELBERG GMBH
1955

ISBN 978-3-540-01980-0   ISBN 978-3-642-85888-8 (eBook)
DOI 10.1007/978-3-642-85888-8

BRÜHLSCHE UNIVERSITÄTSDRUCKEREI GIESSEN

Vorwort.

Dieses kleine Buch soll kein Kochbuch sein, nach dem man auch ohne Verständnis für quantitatives, chemisches Arbeiten durch genaues Befolgen von Rezepten garantiert richtige Hormonanalysen zustande bringen könnte; es soll vielmehr nur eine Übersicht über den gegenwärtigen Stand der endokrinologischen Methoden auf dem Gebiet der Steroidhormone geben und anregen, diese Methoden weiter zu verbessern. Darum enthält es keine fertigen Vorschriften, die für ein bestimmtes Hormon vom Sammeln des Harnes bis zur Ausrechnung des Ergebnisses führen, sondern es sind die verschiedenen, manchmal etwas willkürlich anmutenden Vorschriften für einen bestimmten Arbeitsgang nebeneinandergestellt, da man nur aus dem Vergleich erfahren kann, was sich am besten bewährt. Denn eines schickt sich nicht für alles; für grundlegende Stoffwechseluntersuchungen kommt es auf weitgehende Auftrennung der Stoffgemische möglichst bis zu den einzelnen Steroidderivaten an, Untersuchungen, die im Einzelfall monatelang dauern können und oft einen erheblichen apparativen Aufwand erfordern. Dagegen genügt für die klinische Routinediagnostik die Erfassung von Steroidgruppen, deren Abweichung von der Norm erfahrungsgemäß mit bestimmten klinischen Krankheitsbildern in Übereinstimmung steht. Diese Verfahren sollen möglichst wenig Aufwand erfordern, von entsprechend angelernten technischen Kräften ausgeführt werden können und möglichst in wenigen Stunden zu einem Ergebnis führen. Dabei sind aber selbst die so einfach erscheinenden kolorimetrischen Verfahren voller technischer Fallgruben und können, wenn nicht die Regeln eines sauberen, quantitativ-chemischen Arbeitens befolgt werden, zu sinnlosen Ergebnissen führen. Zwar wird auf die wichtigsten Fehlerquellen möglichst hingewiesen, aber es ist nicht Aufgabe dieser Zusammenstellung, ein Lehrbuch für analytische Chemie zu ersetzen. Das Fehlen einer an sich vielleicht erwünschten Einführung in die Steroidchemie ist dadurch bedingt, daß der ursprünglich dafür geschriebene Abschnitt „Chemie und Stoffwechsel der Steroidhormone" nun im Handbuch der Inneren Medizin. 4. Aufl., Band VII/1 (Springer-Verlag) erscheint; es wird darauf ebenso verwiesen wie auf den Beitrag von BUTENANDT u. SCHRAMM über „die Steroide", Band I, und den Abschnitt „Stoffwechsel des Cholesterins und der Steroidhormone" von STAUDINGER und STOECK in Band II/1 des Lehr- und Handbuches der Physiologischen Chemie von FLASCHENTRÄGER u. LEHNARTZ (Springer-Verlag).

Die Methodenübersicht, wie sie hier gegeben wird, muß leider zwangsläufig subjektiv und lückenhaft sein, weil die Methoden selber noch keineswegs vollkommen sind und die Entwicklung in vollem Fluß ist. Unvollständig muß sie sein, da ständig, auch während des Druckes, neue und manchmal wertvolle Arbeiten erscheinen, und es für einen einzelnen Menschen fast unmöglich geworden ist, die gesamte Literatur auch nur dieses Teilgebietes vollständig zu erfassen oder gar alle angegebenen Methoden und Modifikationen selber nachzuarbeiten und dadurch Spreu vom Weizen zu unterscheiden. Manches andere verdiente, ausführlicher behandelt zu werden, aber dann wäre der Umfang des Manuskriptes schnell auf das Doppelte gestiegen. Trotz dieser Lücken erschien eine solche Übersicht notwendig, um — wörtlich — überblicken zu können und zu überschlagen, was methodisch da ist und was noch fehlt, wo der Hebel bei zukünftigen Arbeiten vor allem angesetzt werden muß. Darüber hinaus soll auch dem, der dieses zukunftsträchtige Gebiet erstmalig betritt, ein Weg durch die verwirrende Fülle von Verfahren und ihren Abänderungen und durch die sehr verstreut erschienenen methodischen Arbeiten gezeigt werden. Ich möchte dabei allen meinen früheren und jetzigen wissenschaftlichen und technischen Mitarbeitern danken, nicht zuletzt auch dem Springer-Verlag, die alle halfen, daß diese Zusammenstellung niedergeschrieben und gedruckt werden konnte.

Trier, den 25. 9. 1954.   WILHELM ZIMMERMANN

Inhaltsverzeichnis.

A. Einleitung.

Der Nachweis von Stoffen mit der biologischen Wirkung eines
männlichen bzw. weiblichen Hormons im Harn gelang zuerst
LOEWE (1925, 1926) beim weiblichen Hormon, LOEWE. VOSS
u. Mitarb. (1928) beim männlichen Hormon. Dies war die Grundlage und Voraussetzung für die Isolierung der Harnhormone durch

Tabelle 1. *Zeittafel der wichtigsten Methoden zur chemischen Bestimmung
von Steroidhormonen in Körperflüssigkeiten.*

Jahr	Autor	Art des Verfahrens	Erfaßte Steroide
1844	PETTENKOFER	Schwefelsäure u. Zucker	Cholesterin, Gallensäuren, Dehydroisoandrosteron
1929	WIELAND u. a.	Schwefelsäurereaktion	Oestron, Pregnandiol u. a. Steroide
1931	KOBER	Phenolschwefelsäurereaktion	Oestrogene
1935	ZIMMERMANN	m-Dinitrobenzolreaktion	17-Ketosteroide
1936	VENNING u. BROWNE	Gravimetrische Bestimmung	Pregnandiol
1941	TALBOT	Schwefelsäurereaktion	Pregnandiol
1943	DIRSCHERL	Schwefelsäurereaktion	Dehydroisoandrosteron
1943	PINCUS	Antimontrichloridreaktion	Androsteron
1945	TALBOT	Kupferreduktionsmethode	Corticoide
1946	HEARD u. SOBEL	Phosphormolybdatmethode	Corticoide
1946	LÖWENSTEIN u. a.	Formaldehydabspaltungsmethode	Corticoide
1948	TOMPSETT	Gravimetrische Bestimmung	Alkoholische Steroide
1948	STAUDINGER	Alkaliempfindlichkeit	Corticoide
1950	ENGEL	Dinitrophthalsäurereaktion	Alkoholische Steroide
1950	PORTER u. SILBER	Phenylhydrazinreaktion	Corticoide mit 17-Hydroxylgruppe
1952	WEST, NORYMBERSKI u. a.	Oxydation zu 17-Ketosteroiden	17-ketogene Corticosteroide
1953	TOMPSETT	Formaldehydbestimmung nach Hydrolyse	Säurestabile Corticoide ohne 17-Hydroxylgruppe
1954	ENGEL	Hydroxylaminspaltung der Ester	Alkoholische Steroide

BUTENANDT (1929. 1930. 1931), DOISY u. Mitarb. (1929. 1930), und MARRIAN (1929). Zu ihrem Nachweis in den Körperflüssigkeiten dienten zuerst ihre biologischen Wirkungen bei geeigneten Versuchstieren, wie z. B. im Hahnenkammtest (MOORE, GALLAGHER u. KOCH, 1929) oder im Vesiculardrüsentest (LOEWE u. VOSS, 1930) für männliche und im ALLEN-DOISY-Test (1923) an der Maus für weibliche Wirkstoffe. Diese biologischen Versuche erfordern aber einen großen Aufwand an ausgesuchten Tieren mit dem ganzen Umstand der Tierhaltung und Tierpflege; sie sind zeitraubend. kostspielig und mit einer großen Streubreite behaftet. Das Bedürfnis nach einfacheren, chemischen Verfahren war groß, und mit dem Bekanntwerden von solchen Verfahren nahm auch die Zahl der durchgeführten Untersuchungen und damit die Kenntnis von der Bedeutung der Steroidhormone unter physiologischen und pathologischen Verhältnissen schnell zu. Was 1938 nur ein Wunsch war: „es muß aber dazu kommen. daß eine Hormonbestimmung in Blut oder Harn ebenso selbstverständlich wird wie eine Reststickstoff- oder Zuckerbestimmung" (ZIMMERMANN. 1938), das ist heute fast Wirklichkeit; die Methoden zum Nachweis der Steroidhormone in Körperflüssigkeiten gehören zum festen Werkzeug der Klinik; darüber hinaus ist es z. T. schon so wie bei den meisten Laboratoriumsmethoden. daß sinnlose Routineuntersuchungen auch bei Steroidanalysen zur Überlastung der Laboratorien führen (KELLERT). Die Zeittafel unterrichtet über die Reihenfolge des Auffindens von chemischen Verfahren zum Nachweis von Steroidhormonen in Körperflüssigkeiten (s. Tab. 1).

B. Methodik der Aufarbeitung von Harn und anderen Proben.

Die für chemische Bestimmung von Steroidhormonen ausgearbeiteten Verfahren lassen sich nicht auf den nativen Harn oder auf Blut unmittelbar anwenden, weil beide Körperflüssigkeiten zuviel Stoffe enthalten, die die Reaktionen stören und die Untersuchungsergebnisse fälschen würden. Der chemischen Untersuchung muß also zuerst eine Aufarbeitung der Proben mit dem Ziele der Anreicherung der Steroidhormone und Abtrennung von störenden Begleitstoffen vorangehen. Da sich diese Aufarbeitungsverfahren für alle besprochenen Gruppen von Steroidhormonen weitgehend ähneln oder auch identisch sind, sollen sie hier gemeinsam behandelt werden, zumal es das Ziel sein muß, einen Analysengang zu finden, durch den alle wichtigen Hormongruppen gleichzeitig und nebeneinander in einer Probe bestimmt werden können.

Es ist vielleicht nicht unnötig darauf hinzuweisen, daß bei allen Arbeitsgängen, auch bei klinischen Routineverfahren, regelrecht quantitativ-chemisch mit einwandfrei analysenreinen Reagentien, mit richtig geeichten Pipetten und anderen Meßgeräten sowie mit in Chromschwefelsäure oder ähnlich gereinigten Glassachen mit Schliffverbindungen unter Vermeidung von Kork und Gummi gearbeitet werden muß, daß beim Überführen einer Substanz oder Lösung von einem in ein anderes Gefäß Verluste vermieden werden müssen. Es wird im folgenden bei den einzelnen Methoden auf solche Selbstverständlichkeiten nicht jedesmal hingewiesen werden. Auch die Technik der optischen Messung soll hier nicht besprochen werden, da sie nicht für Steroide spezifisch ist; auf die entsprechenden Monographien und Handbuchabschnitte sei verwiesen.

I. Extraktgewinnung.

1. Sammlung und Konservierung.

Da die Ausscheidung der Harnhormone im Verlaufe von 24 Std. konstanter und charakteristischer als die von der Diurese abhängige Literkonzentration ist, sammelt man zweckmäßig die gesamte Harnmenge von 24, 48 oder 72 Std., mischt und untersucht einen aliquoten Teil davon. Diese vollständige Sammlung des Harnes ist etwas problematisch und die größte Fehlerquelle bei allen Steroidbestimmungen; man kann sie meist nicht ambulanten Patienten überlassen, und auch bei stationären Patienten ist ein ganz gewissenhaft arbeitendes Personal Voraussetzung für unverfälschte Ergebnisse. Eine einfache Kontrolle ist in der Bestimmung des spezifischen Gewichtes gegeben, das sich bei richtiger Sammlung umgekehrt proportional der Flüssigkeitsmenge der einzelnen Tage verändern muß. Um die Schwankungen von Tag zu Tag ein wenig auszugleichen, ist es zweckmäßig, 48 Std.-Harnportionen zu untersuchen. Vgl. auch HAMBURGER (1954).

Während der Sammlung der Harnproben muß vor allem eine Zersetzung durch Bakterien vermieden werden, da diese z. T. Steroide ab- und umbauen können. Es wird darum ein geringer Zusatz von Salzsäure oder Eisessig empfohlen, bzw. ein Zusatz von 0,02 g Quecksilbercyanid je Sammelgefäß (MOREAU, 1951), es kann auch Chloroform oder Toluol verwendet werden; bei Corticoidbestimmungen ist Eisessig vorzuziehen. Aufbewahrung im Kühlschrank während der Sammelzeit ist aus dem gleichen Grunde besser als Zimmertemperatur. Aber auch dann werden gelegentlich bei längerem Stehen unerklärliche Veränderungen des Steroidgehaltes gesehen (CALLOW, CALLOW, EMMENS u. STROUD, 1939,

und eigene Beobachtungen), so daß es besser ist, alle Proben
möglichst frisch zu untersuchen; vor allem gilt dies für die labilen
Corticoide. BIRKE u. PLANTIN (1951) beobachteten, daß bei mehr-
monatiger Aufbewahrung angesäuerten Harns teils bei Zimmertemperatur, teils im Kühlraum, sich zwar der Gesamtgehalt an
17-KS verhältnismäßig wenig änderte, wohl aber z. T. die Zusammensetzung bei der chromatographischen Fraktionierung,
dagegen schien eine Aufbewahrung von sterilen Harnproben
ohne Zusätze bei +5° C einige Monate lang möglich zu sein.

ABDERHALDEN u. ABDERHALDEN (1953) konservieren Harnproben durch Eindampfen im Vakuum bei 35° C und Aufbewahren
des Rückstandes in zugeschmolzenen Ampullen. Bei der Analyse
wird in Aqua dest. gelöst. Kontrollen ergaben, daß keine Verluste
an 17-KS oder Corticoiden auftraten.

2. Hydrolyse.

Die Steroide werden größtenteils in einer konjugierten und
dadurch erst wasserlöslichen, aber ätherunlöslichen Form ausgeschieden. Sie sind dann zwar mit Butanol auszuziehen, müssen
aber, um mit einem mit Wasser nicht mischbaren Lösungsmittel
wie Äther, Benzol o. a. extrahierbar zu sein, aus ihren Verbindungen mit Schwefelsäure, Essigsäure, Glucuronsäure o. a. in Freiheit
gesetzt werden. Das geschieht durch Hydrolyse. Die Bedingungen
dafür sind nun recht verschieden; sie müssen für die empfindlichen
Corticoide mit 17-OH-Gruppe schonend sein, auf die Gefahr hin,
nicht alles Material erfassen zu können. Empfindlich sind auch
die ungesättigten β-Steroide wie Dehydroisoandrosteron, die leicht
umgelagert werden können (BUTENANDT u. DANNENBAUM, 1934;
DOBRINER u. a., 1944; PINCUS u. PEARLMAN, 1941) ohne allerdings dabei ihre charakteristische 17-Ketogruppe zu verlieren.
Die gesättigten neutralen Steroide und Corticoide ohne 17-OH-
Gruppe sind dagegen recht stabil und können durch Kochen mit
starken Säuren in Freiheit gesetzt werden, aber auch hier beobachtet man bei zu langem Erhitzen Verluste. Am stabilsten sind die
Ester der phenolischen Steroide (Oestrogene), für die entsprechend
intensivere Hydrolysebedingungen gewählt werden müssen.
Schwefelsäureester können mit 1,4-Dioxan gespalten werden
(GRANT u. BEALL, 1950; COHEN u. ONESSON, 1953). Durch Zusatz
von 10% $CuSO_4$-Lösung (1:10) zum Harn bei der Hydrolyse
können störende Harnpigmente u. a. Chromogene, die vielleicht
erst bei der Hydrolyse entstehen, ausgeschaltet werden (FRIED-
MANN, 1952). Zur Entfernung von Eiweiß und zur Vermeidung
von Emulsionen kann dem sauren Harn 0,5 g Kaolin zugesetzt

werden, das nach 5 min langem Schütteln wieder abzentrifugiert wird. Steroide sollen dabei nicht verlorengehen (SMITH, MELLINGER u. PATTI, 1954).

a) Hydrolyse bei Corticoiden. Die meisten Autoren empfehlen Ansäuern auf p_H 1 und baldige Extraktion (HEARD, SOBEL u. VENNING, 1946), am besten im kontinuierlich arbeitenden Extraktionsapparat 18—24 Std. bei Zimmertemperatur (MASON, 1954). andere ziehen p_H 4 vor (PFEFFER u. STAUDINGER, 1952). Beim Ansäuern können höchstens Schwefelsäureester hydrolysiert werden, da Glucuronide bei Zimmertemperatur selbst bei p_H 1 nicht gespalten werden. Am besten scheint es zu sein, ganz auf die Hydrolyse zu verzichten und den gesamten Komplex mit Butanol zu extrahieren. Hydrolyse der Corticoide ist ein wunder Punkt. Vielleicht ist die fermentative Spaltung mit Glucuronidasen (z. B. aus der Milz von Kälbern) eine Lösung des Problems, jedoch sind geeignete Fermentpräparate vorerst noch schwer beschaffbar (BÜHLER u. Mitarb., 1949; COHEN, 1951; COX u. MARRIAN, 1951; COHEN u. ONESSON, 1951; CORCORAN. DUSTAN u. PAGE, 1951; DAUGHADAY u. Mitarb., 1951; DUSTAN u. Mitarb., 1953; KINSELLA. DOISY u. GLICK, 1950; ENGEL, 1950; ROMANOFF u. WOLF, 1954; TALBOT u. EITINGON, 1944). COURCY, BUSH, GRAY u. LUNNON (1953) kommen auf Grund von papierchromatographischen Untersuchungen zu dem Schluß, daß Hydrolyse mit Glucuronidase zwar die Menge an reduzierenden bzw. Formaldehyd-abspaltenden Corticoiden vermehrt, nicht aber die der spezifischen Corticoide, die sowohl eine Ketolgruppe wie eine α-β-ungesättigte 3-Ketogruppe tragen. Vgl. HORWITT (1954).

Hydrolyse mit β-Glucuronidase nach DUSTAN, MASON u. CORCORAN (1953): 25 cm³ Harn werden durch Zugabe von 10% Essigsäure unter Kontrolle mit einem Ionometer mit Glaselektrode auf p_H 4,8 angesäuert. Nach Zugabe von 6000 FISHMAN-Einheiten β-Glucuronidase (= 240 mg bzw. 3 cm³ einer Lösung in 0,45% Kochsalz, Präparat Viobin) und 10 cm³ Chloroform wird das Becherglas mit einem Deckglas zugedeckt und 24 Std. bei 50° bebrütet. Danach wird das Gemisch mit 50 cm³ Wasser verdünnt und im Scheidetrichter viermal mit je 20 cm³ Chloroform extrahiert. Der Chloroformextrakt wird mit 5% Sodalösung und danach mit Wasser bis zur neutralen Reaktion gewaschen, die Waschwässer werden mit wenig Chloroform nochmals extrahiert. Die Chloroformlösung wird unter vermindertem Druck bei Temperaturen unterhalb 50° zur Trockne gebracht. In dem Rückstand können die Corticoide nach einer der üblichen Methoden bestimmt werden.

JAYLE (1953) schlägt vor, an Stelle der teuren β-Glucuronidase aus Kälbermilz einen B. coli-Stamm zu verwenden, der reichlich β-Glucuronidase bildet. Der Harn wird dazu auf p_H 7—7,3 gebracht, und nach Zugeben von 0,5% Pepton 10 min zur Sterilisierung gekocht. Danach erfolgt Beimpfung mit B. coli und

Bebrütung bei 37° C 48 Std. lang. Nach Tompsett (1953) sollen nur 17-Hydroxycorticoide durch Hydrolyse mit heißen Mineralsäuren zerstört werden, dagegen Corticoide ohne 17-Hydroxyl-Gruppe stabil und nach der Hydrolyse durch Formaldehydabspaltung bestimmbar sein. 100 cm³ Harn werden dazu mit 20 cm³ konzentrierter Salzsäure 10 min auf 100° C erhitzt.

b) Hydrolyse bei β-Steroiden. Zur Zeit scheint eine gleichzeitige Extraktion bei der Hydrolyse (durch Ansäuern des Harnes auf p_H unter 1) mit einem organischen Lösungsmittel 24—48 Std. lang unter Rückflußkühlung noch am besten zu sein, so daß die in Freiheit gesetzten Steroide vom Lösungsmittel aufgenommen werden können, noch bevor sie mit der anorganischen Säure Verbindungen eingehen können oder Wasser abgespalten wird (Dingemanse u. a., 1952; Friedgood u. a., 1943; Lieberman, Mond u. Smyles, 1954).

Hydrolyse in Pufferlösungen bei p_H 4.7—5,8 (durch Zusatz von Bariumchlorid, Zinkchlorid oder Acetat) schont das Material mehr, aber dafür ist die Ausbeute nicht sehr groß, da zur Hauptsache nur die Schwefelsäureester von Dehydroisoandrosteron gespalten werden (Bitman u. Cohen, 1949a u. b, 1951; Talbot, Ryan u. Wolfe, 1943; Talbot u. Eitingon, 1944). Nach Jayle u. Mitarb. (1953) werden dadurch nur β-Steroide gespalten, durch anschließende stark saure Hydrolyse in der Hitze werden auch α-Steroide in Freiheit gesetzt. Möglicherweise wird auch hier eine fermentative Spaltung von Nutzen sein. Die Schwefelsäureester der Steroide werden von Glucuronidasen nicht gespalten. Vielleicht sind dafür Arylsulfatasen geeignet (Stitch u. Halkeston, 1953). Birke u. Plantin (1954) fanden bei vergleichenden Versuchen mit chromatographischer Fraktionierung der Hydrolysenprodukte bei direkter Säurehydrolyse z. B. 19,6 mg/l, bei Glucuronidasehydrolyse 10,8 mg/l, bei Säurehydrolyse des durch das Enzym unverseifbaren Restes weitere 6,8 mg/l, wobei durch Glucuronidase hauptsächlich Ätiocholanolon, durch Säurehydrolyse vorwiegend Dehydroisoandrosteron in Freiheit gesetzt wurde, während Androsteron teils als Glucuronid, teils als Sulfat vorzuliegen scheint.

c) Hydrolyse bei neutralen Steroiden. Der Harn wird mit 10 bzw. 15% konzentrierter Salzsäure versetzt und 15—20 min zum Sieden erhitzt (Callow, 1936; Callow, Callow, Emmens u. Stroud, 1939; Consolazio u. Talbott, 1940; Friedgood u. Whidden, 1940; Talbot u. Langstroth, 1939; Vestergaard, 1951; Zimmermann, 1944e). Der p_H-Wert soll 0,3—0,5 betragen (Birke u. Plantin, 1954). Das Optimum des Verhältnisses von

Harnvolumen, Säuremenge und Hydrolysendauer ist je nach der Harnmenge verschieden und nicht ohne weiteres auf kleinere oder größere Harnvolumina übertragbar; die obigen Angaben gelten für 50—100 cm³ Harn. Bei Mikroverfahren wird z. T. ein Verhältnis von 3 cm³ konzentrierter Salzsäure zu 10 cm³ Harn empfohlen

Tabelle 2. *Kunstprodukte der Hydrolyse von Steroiden.*

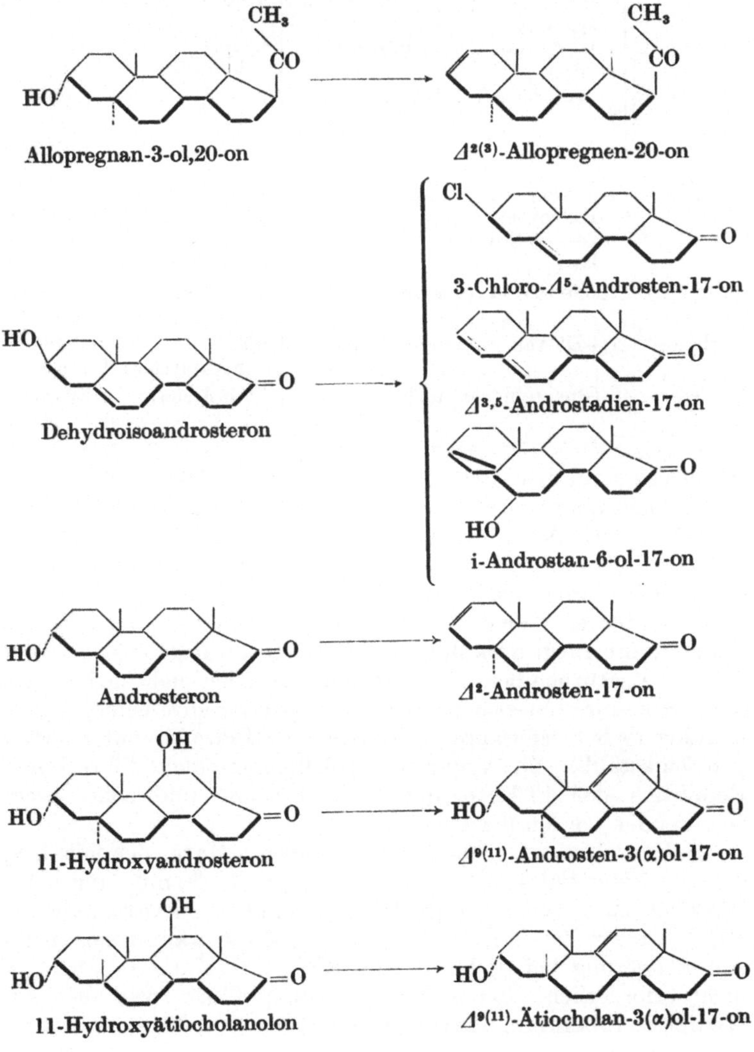

Allopregnan-3-ol,20-on

$\Delta^{2(3)}$-Allopregnen-20-on

Dehydroisoandrosteron

3-Chloro-Δ^5-Androsten-17-on

$\Delta^{3,5}$-Androstadien-17-on

i-Androstan-6-ol-17-on

Androsteron

Δ^2-Androsten-17-on

11-Hydroxyandrosteron

$\Delta^{9(11)}$-Androsten-3(α)ol-17-on

11-Hydroxyätiocholanolon

$\Delta^{9(11)}$-Ätiocholan-3(α)ol-17-on

Tabelle 3. *Ergebnis verschiedener Hydrolysebedingungen*
(nach LIEBERMAN, MOND u. SMYLES 1954).

p_H	Temperatur ° C	Sonstige Bedingungen	Dehydroisoandro-steron-Schwefel-säureester	Androsteron-Ätiocholanolon-Glucuronsäureester	11-Ox-17-Keto-steroide-Glucuron-säureester
7	100	Getrennte Hydrolyse und Extraktion	Bildung von i-Andro-stenolon	nicht hydrolysiert	nicht hydrolysiert
4,7 bis 5,8	100		hydrolysiert	nicht hydrolysiert	nicht hydrolysiert
1	100		Bildung von Chlor- und Dien-Ver-bindungen	hydrolysiert	hydrolysiert, aber z. T. um-gelagert
unter 1	Zimmer-temp.	gleichzeitige Extraktion 24—48 Std. lang	hydrolysiert	hydrolysiert	hydrolysiert, aber z. T. um-gelagert
1	Zimmer-temp.	Dioxan-HCl 1:1	hydrolysiert	hydrolysiert	hydrolysiert
1	erhöht	1,4-Dioxan	hydrolysiert	nicht hydrolysiert	nicht hydrolysiert
4,8	37°	β-Glucuronidase	nicht hydrolysiert	hydrolysiert	hydrolysiert

(DREKTER u. Mitarb., 1947, 1952). Hydrolyse bei 80° C ist in vielen
Fällen nicht quantitativ, vor allem wenn sie bei Harnmengen über
10 cm³ angewendet wird. DREKTER u. Mitarb. (1947, 1952), die
zeitweise mit einer Hydrolysentemperatur von 80° C arbeiteten,
gaben später auch wieder 100° C an. Ob die hydrolysierte Harnprobe hinterher schnell unter Wasser abgekühlt wird oder bei
Zimmertemperatur auskühlt, ändert nichts am Ergebnis; nur darf
die Probe natürlich beim Ausschütteln mit Äther nicht mehr warm
sein. Salzsäure hat sich bei der Hydrolyse im allgemeinen besser
bewährt als Schwefelsäure. Aber salzsaure Hydrolyse unter Zusatz
von Zinkstaub, von ARRHENIUS (1950) empfohlen, führt durch
Reduktion der 17-Ketogruppe zu Verlusten und sollte nicht
angewendet werden (STIMMEL, 1951).

d) Hydrolyse bei phenolischen Steroiden. Harn, der mit 15%
konzentrierter Salzsäure versetzt ist, wird 30—60 min lang unter
Rückfluß zum Sieden erhitzt (ENGEL, 1950a; GRANT u. BEALL,
1950); kürzere Zeiten (SMITH u. SMITH, 1935) bewähren sich nicht.
Autoklavierung bei p_H 1 und 120° (COHEN u. MARRIAN, 1935) ist
nicht erforderlich. Bakterielle Zersetzung führt zwar auch zur
Hydrolyse (MARRIAN, 1933; COHEN u. MARRIAN, 1934), aber auch

zu sehr unregelmäßigen Ergebnissen (CALLOW, CALLOW, EMMENS u. STROUD, 1939; ZIMMERMANN, 1944e). Bessere Erfolge hatten KATZMAN u. Mitarb. (1954) mit aus Bakterien gewonnenen β-Glucuronidasepräparaten. LIEBERMAN, MOND u. SMYLES (1954) hatten mit enzymatischer und mit salzsaurer Hydrolyse (15 Vol.-% 30 min unter Rückfluß) übereinstimmende Ergebnisse.

e) Oxydative Hydrolyse der 17-ketogenen Steroide s. Abschnitt C II 4. d). S. 85.

Wollte man in einem gemeinsamen Arbeitsgang alle bekannten Steroidgruppen erfassen, dann kann man Harn evtl. zuerst frisch extrahieren, um bei Störungen der Veresterung wie bei Lebererkrankungen freie Steroide zu erfassen, dann durch Butanolextraktion eines Teiles die labilen 17-Hydroxycorticoide herauslösen und einen anderen Teil des nativen Harns oder des Butanolextraktes bei p_H 0,3—0,5 30 min hydrolysieren. In diesem Säurehydrolysat sind dann die stabilen Corticoide, die neutralen Steroide und die phenolischen Steroide bestimmbar.

3. Extraktion.

a) Extraktionsvorgang. Die anschließende Extraktion wird mit organischen Lösungsmitteln durchgeführt, wobei die Wirksamkeit der Extraktion von dem Verteilungskoeffizienten der betreffenden Steroide zwischen dem jeweiligen Lösungsmittel und der wäßrigen Phase, d. h. dem hydrolysierten Harn abhängt. Für den Verteilungskoeffizienten K gilt, sofern chemische Umsetzungen auszuschließen sind, die Formel:

$$K = \frac{S_1 \times V_2}{S_2 \times V_1} \tag{1}$$

wobei S_1 bzw. S_2 die Gewichtsmengen Substanz bedeuten, die in der Phase 1 bzw. 2 gelöst sind, und V_1 bzw. V_2 die Volumina der beiden Phasen. Der Verteilungskoeffizient muß experimentell bestimmt werden (s. METZSCH, 1953). Die nach einer Extraktion im Harn noch zurückbleibende Menge an Steroiden kann nach der folgenden Formel (2) berechnet werden:

$$X_1 = X_0 \cdot \frac{K \cdot Vol_{Harn}}{(K \cdot Vol_{Harn}) + Vol_{Lsgm}} \tag{2}$$

wobei:

X_0 = die Gewichtsmenge an Steroiden bedeutet, die im Harn ursprünglich vorhanden war,

X_1 = die Gewichtsmenge an Steroiden, die im Harn nach einer Extraktion zurückbleibt,

K = der Verteilungskoeffizient des betreffenden Steroides zwischen dem angesäuerten Harn und dem angewendeten Lösungsmittel.

Vol_{Harn} = das Volumen des extrahierten Harnes und

Vol_{Lsgm} = das Volumen des Lösungsmittels.

Für mehrfache Extraktionen gilt die Formel (3):

$$X_n = X_0 \cdot \left(\frac{K \cdot Vol_{Harn}}{(K \cdot Vol_{Harn}) + Vol_{Lsgm}} \right)^n \tag{3}$$

Zur Theorie der Extraktion vgl. ENGEL (1950a).

Beispiel: Wenn zwischen hydrolysiertem Harn und dem Extraktions-mittel ein Verteilungskoeffizient von 1:100 gilt, d. h., daß das Lösungsmittel hundertmal mehr Steroid löst als der Harn, und wenn 100 cm³ Harn mit 2 mg Steroid zweimal mit je 50 cm³ Lösungsmittel extrahiert werden, dann lautet die Rechnung:

$$X_2 = 2 \cdot \left(\frac{0,01 \cdot 100}{(0,01 \cdot 100) + 50} \right)^2$$

$$X_2 = 2 \cdot \left(\frac{1}{51} \right)^2 = 2 \cdot 0,0004 = 0,0008.$$

d. h., daß von 2 mg Steroid, die im Harn ursprünglich vorhanden waren, nach zwei Extraktionen noch etwa 0,001 mg entsprechend 0,05 $^0/_{00}$ zurück-geblieben sind.

Zur Extraktion durch Dialyse s. ZAFFARONI (1953).

Tabelle 4. *Verteilungskoeffizienten von phenolischen Steroiden nach* ENGEL.

	Oestron	Oestradiol	Oestriol
Äther/Wasser	∞, 89	55—93	24—89
Äther/1,5 n H₂SO₄	über 100	über 80	über 50
Äther/ges. NaHCO₃	∞	∞	∞
Toluol/1 n NaOH	0,14	0,046	0

Von den vielen theoretisch zur Verfügung stehenden Fett-lösungsmitteln werden üblicherweise Äther für 17-Ketosteroide, Chloroform für Corticoide, und Toluol für Pregnandiol benutzt: womit noch nicht feststeht, daß diese Lösungsmittel jeweils optimal sind und daß es nötig wäre, für jede Steroidgruppe ein anderes Lösungsmittel zu verwenden. Systematische Untersuchungen aus der letzten Zeit in bezug auf 17-Ketosteroide stammen von DREKTER u. Mitarb. (1952); diese Autoren finden, daß Äthylendichlorid, Chloroform, Methylendichlorid, Isopropyläther, Äthyläther, und Benzol gleich gute Extraktionsmittel sind, während Petroläther ein schlechtes Lösungsmittel ist. Tetrachlorkohlenstoff löst indes nach eigenen Versuchen im Mittel nur ca. 85 % der durch Äther extrahier-baren 17-Ketosteroide[1]. Dibutyläther wurde von HAMBLEN u. Mitarb. (1939) und von CUYLER u. BAPTIST (1941) vorgeschlagen.

---

[1] Für die Extraktion genügt zwar der billigere Waschäther, er muß aber zur Zerstörung von Peroxyden über Ferrosulfat aufbewahrt und vor Gebrauch frisch abdestilliert werden.

Normal-Butylalkohol löst auch die gebundenen Steroide. Es ist zu beachten, daß Corticoide durch eine dreimalige Extraktion mit Äther nur zu 51 %, mit Dichloräthylen zu 92 %, mit Chloroform. selbst in Gemischen mit nur $^1/_4$ Chloroformanteil, zu 100 % erfaßt werden (TALBOT u. EITINGON, 1944). Chloroform muß aber frei von Phosgen. daher frisch destilliert sein[1]. Oestriol ist in Benzol schwer löslich. Von Vorteil scheinen Gemische von verschiedenen Lösungsmitteln zu sein; so empfehlen ADEZATI (1952) für die Extraktion von Corticoiden anstelle von reinem Chloroform ein Gemisch von 25 % Chloroform mit 75 % Äther. um lästige Emulsionen einzuschränken. und FRIEDGOOD u. GARST (1948) ein Gemisch von Äther und Tetrachlorkohlenstoff 1 : 18, während STIMMEL u. Mitarb.(1952) ein Gemisch von Toluol und Äthyläther 1 : 9 zur Extraktion verwenden. weil der Verteilungsquotient Lösungsmittel/Wasser bei Äther günstig für die Extraktion von Oestrogenen und von neutralen ketonischen und alkoholischen Steroiden ist. während aus Toluol bzw. Tetrachlorkohlenstoff die Oestrogene leichter wieder in die alkalisch-wäßrige Phase gehen. nachdem der Äther abdestilliert ist. Die chlorierten organischen Lösungsmittel haben den Vorteil der Unbrennbarkeit; beim Umgang mit leicht brennbaren Lösungsmitteln wird auf die Beachtung der Unfallverhütungsvorschriften in bezug auf die Aufbewahrung von Vorräten und die Einrichtung der Laboratorien aufmerksam gemacht.

Das Verhältnis der Volumina von Harn zum Extraktionsmittel wird meistens so gewählt, daß das Volumen des Lösungsmittels nur einen Bruchteil des Harnvolumens beträgt; man muß dann häufiger extrahieren als bei größeren Mengen an Lösungsmitteln. Lästige Emulsionsbildungen treten indes weniger auf, wenn das Volumen des Extraktionsmittels größer ist als das Volumen der zu extrahierenden Harnmenge. Emulsionsbildungen können auch dadurch unterdrückt werden, daß man den sauren Harn vor der Extraktion alkalisiert, man muß dann allerdings bei diesem Arbeitsgang auf phenolische Steroide verzichten. Damit die Phasen sich besser trennen, kann man den Harn auch durch Kochsalzzusatz spezifisch schwerer machen (JAYLE, 1953).

Die Extraktion kann gleichzeitig mit der Hydrolyse durch Erhitzen unter Rückflußkühlung durchgeführt werden (siehe oben). wobei nach je 2—5stündigem Erhitzen das Lösungsmittel durch ein frisches ersetzt werden muß. In einem kontinuierlichen Extraktionsapparat hängt die Extraktionszeit von der Intensität der

---

[1] Die Destillation ist unter 45° und geschützt vor Sonnenlicht vorzunehmen. Das frisch destillierte Chloroform soll nicht älter als 4 Std. sein und bis zum Gebrauch in einer braunen Flasche aufbewahrt werden.

Durchmischung der beiden Phasen ab, am besten arbeiten solche Apparate mit Glassinterplatten, man kann dann einen Harn in weniger als einer Stunde quantitativ extrahieren. Für die Routine-diagnostik hat sich die ganz einfache Ausschüttelung der vorher hydrolysierten Harnprobe im Scheidetrichter durchgesetzt.

Es werden dabei z. B. 55 cm³ Material (= 50 cm³ Harn + 5 cm³ konzentrierter Salzsäure) 2—3 mal mit je etwa 70 cm³ Äther jeweils einige Minuten durchmischt, beide Schichten nach dem Absetzen getrennt und die ätherischen Auszüge vereinigt. VESTERGAARD (1951) empfiehlt in einer Mikromethodik die Extraktion in beson-deren Gläsern mit Schliffstopfen, in denen gleichzeitig auch die vorherige Hydrolyse vorgenommen wurde, und die in einen Schüttelapparat gehängt und senkrecht geschüttelt werden. Der extrahierte Harn kann dann mittels Capillaren abgesaugt, der Extrakt im gleichen Glas weiter fraktioniert werden. Da es jedoch durch heftiges senkrechtes Schütteln leicht zur Schaumbildung kommt, erscheint es besser, die Röhrchen ähnlich wie bei der Gegenstromverteilung langsam um ihre Querachse zu drehen (ZIMMERMANN u. PONTIUS, 1954).

Ein ganz anderes Extraktionsprinzip wird von ROSSI u. Mitarb. (1950b u. c) verfolgt. Nach vorheriger Hydrolyse wird der Harn mit Bleicarbonat oder Bariumhydroxyd auf p_H 5 abgepuffert, fil-triert, und zu je 100 cm³ Urinfiltrat 5 g Aktivkohle gegeben. Von Zeit zu Zeit wird umgeschüttelt, bis der Harn abgekühlt ist und die Steroidhormone an die Kohle adsorbiert sind. Es wird abfiltriert, das Filtrat nochmals mit 2% Kohle versetzt; nach 5 min wird durch das gleiche Filter filtriert. Die Kohle wird bei 80° getrocknet und dann im Soxhletapparat 4 Std. mit einem Gemisch von 25% Alkohol und 75% Äther extrahiert (s. a.: ROSSI, COSTACURTA u. GIAQUINTO, 1950). Weiteres Schrifttum zur Extraktionstechnik siehe CALLOW, CALLOW, EMMENS u. STROUD (1939); CONSOLAZIO u. TALBOTT (1940); CUYLER u. BAPTIST (1941); COHEN u. HOFFMAN (1950); FRIEDGOOD, TAYLOR u. WRIGHT (1943); HERSHBERG u. WOLFE (1940); ZIMMERMANN (1944e).

b) Reinigung des Extraktes von störenden Pigmenten. Da Harn-farbstoffe, besonders Urochrom, und gefärbte Kunstprodukte der Hydrolyse die Harnextrakte oft stark färben, ist man bestrebt, dies möglichst zu verhindern. Dies kann durch Zusatz von $CuSO_4$ bei der Hydrolyse geschehen (siehe oben), durch Waschen mit Soda-lösung, durch Behandeln mit festem NaOH statt NaOH-Lösung (VESTERGAARD, DREKTER, BIRKET-SMITH), und durch Waschen mit Natriumhyposulfit-Lösung (CALLOW). AXELROD (1954) reinigt den Extrakt durch Filtration durch eine Säule in den Ausmaßen

210—240 × 10 mm, die mit einem mit Salzsäure beladenen Anionenaustauscher (Dowex 2, das ist ein Kunstharz aus der Gruppe der Resine) beschickt ist. Er konnte damit 80% der Pigmente ohne Steroidverluste entfernen. Entfärbung mit Aktivkohle ist zwar möglich, aber nicht zu empfehlen, da die Hormonverluste durch Adsorption an die Kohle zu groß sind. Üblicherweise werden die Extrakte zuerst mit etwa 10%iger Sodalösung oder Natriumbicarbonatlösung gewaschen; das meist braun gefärbte Waschwasser, das stark saure Bestandteile, organische Säuren und Farbstoffe, aber auch Oestriol, enthält, wird verworfen. Bei dem nachfolgenden Waschen mit Natronlauge empfiehlt CALLOW (1950) Zusatz von Natriumhyposulfit zur Natronlauge, um Chinone zu alkalilöslichen Verbindungen zu reduzieren.

II. Fraktionierung.

Die Harnextrakte aus einer Harnprobe enthalten, wie aus Tab. 5 hervorgeht, a) Corticosteroide, b) neutrale alkoholische Steroide, c) neutrale ketonische Steroide, d) phenolische Steroide; insgesamt bisher über 60 verschiedene Steroide, und daneben noch alle Harnbestandteile, die in organischen Lösungsmitteln löslich sind. Auf 40—70 mg an einem Tage ausgeschiedene Steroidhormone kommen einschließlich der nicht fettlöslichen etwa 50—70 g andere feste Harnbestandteile. Bei diesem Verhältnis von 1:1000 ist also eine weitere Reinigung und Fraktionierung notwendig.

1. Fraktionierung in saure und in neutrale Anteile.

Beim Waschen des Harnextraktes mit Natronlauge gehen die phenolischen, salzbildenden Steroide in die natronalkalische Phase E_2. Für die Natronlauge werden in der Literatur Konzentrationen von 1—10% angegeben. DREKTER u. Mitarb. (1952), VESTERGAARD (1951), BIRKET-SMITH (1953) empfehlen festes Natriumhydroxyd statt der Lösung, um damit zugleich den Extrakt von Pigmenten zu reinigen. Nach Abtrennen und Ansäuern des natronalkalischen Waschwassers können die phenolischen Steroide (Oestrogene) daraus wieder mit Äther extrahiert werden. Zur Abtrennung der Oestrogene empfehlen FRIEDGOOD u. GARST (1948) nach vorherigem Waschen mit 9% Natriumbikarbonatlösung Einengung des Ätherextraktes auf 3 cm³ und Zusatz von 54 cm³ Tetrachlorkohlenstoff (vgl. oben unter „Extraktion"). Aus diesem Lösungsmittelgemisch (E_{1+2}) werden die Oestrogene durch viermaliges Waschen mit $^1/_2$ Volumen wäßriger 1 n Kalilauge extrahiert. ENGEL (1950a) dampft den Äther völlig ab und nimmt den Rückstand in 75 cm³ Toluol auf, daraus werden die Oestrogene (E_2)

Tabelle 5. *Im Harn ausgeschiedene Steroide.*

a) Corticosteroide:

mit 17-Hydroxylgruppen	Δ^4-Pregnen-17 (α), 21 diol-3,11,20 trion = Cpd E Δ^4-Pregnen-11 (β), 17 (α), 21-triol- 3,20dion = Cpd F Δ^4-Pregnen-17 (α), 21 diol-3,20 dion = Cpd S
ohne 17-Hydroxylgruppe	Δ^4-Pregnen-21 ol-3,11,20 trion = Cpd A Δ^4-Pregnen-11 (β), 21 diol-3,20 dion = Cpd B Δ^4-Pregnen-21 ol-3,20 dion = DOC
nur mit α-ungesättigter 3-Ketogruppe	Δ^4-Pregnen-3,11,20-trion Δ^4-Pregnen-17 (α) ol, 3,11,20 trion
nur mit Ketolgruppe CH_2OH—CO—	Pregnan-17 (α), 21-diol-3,11,20 trion Pregnan-3 (α), 17 (α) 21-triol-11,20 dion Pregnan-3,11,17,21-tetrol-20 on Δ^5-Pregnen-3 (β), 21-diol,-20 on Allopregnan-21 ol, 3,20-dion Allopregnan-3 (β), 17 (α), 21 triol-20 on Pregnan, 11 (α), 17 (α), 21 triol, 3,20-dion

Pregnan und Allopregnan-
  derivate mit CH_3—CO-
  Gruppe
	Pregnan-3,20-dion
	Allopregnan-3,20-dion
	Δ^2-Allopregnen-20 on
	Pregnan-3,11,20-trion

b) Neutrale alkoholische Steroide:

Pregnan- u. Allopregnan-
  derivate mit Ketogruppe
  meist an C 20
	Pregnan-3 (α) ol-20 on
	Allopregnan-3 (α) ol-20 on
	17-Isopregnan-3 (α) ol-20 on
	Pregnan-3 (α), 20 diol-11 on
	Pregnan-3 (α) ol-11,20 dion
	Pregnan-3 (α), 17 (α)-diol-20 on
	Pregnan-3 (α), 6 (α) diol-20 on
	Allopregnan-3 (α), 6 (α) diol-20 on
	Allopregnan-3 (β) ol-20 on
	Δ^5-Pregnen-3 (β) ol-20 on
	Δ^5 Pregnen-3 (β)-17 (α) diol-20 on

ohne Ketogruppe	Pregnan-3 (α) ol Pregnan-3 (α) 20-diol Allopregnan-3 (α) 20-diol Allopregnan-3 (β) 20-diol Δ^5-Pregnen-3 (β) 20-diol Isopregnan-3 (β)-20-diol Pregnan-3 (α) 17 (α) 20-triol Allopregnan-3 (α) 16,20-triol
Androstan-Reihe (ohne Ketogruppe)	Androstan-3,17-diol Δ^5-Androsten-3 (β) 17 (α) diol Δ^5-Androsten-3 (β), 16,17-triol

Tabelle 5. (Fortsetzung.)

---

c) 17-Ketosteroide:

mit α-ungesättigter 3-Ketogruppe	Δ^1-Androsten-3,17-dion Δ^1-Androsten-11 (β) ol-3,17-dion Δ^1-Androsten-3,11,17-trion = Adrenosteron
mit 3-Hydroxylgruppe der α-Reihe	Androstan-3 (α) ol-17-on = Androsteron Ätiocholan-3 (α) ol-17-on Androstan-3 (α), 11 (β) diol-17-on Ätiocholan-3 (α), 11 (β) diol-17-on Androstan-3 (α) ol-11,17-dion Ätiocholan-3 (α) ol-11,17-dion Δ^9-Androsten-3 (α) ol,17-on Δ^9-Ätiocholen-3 (α) ol, 17-on
mit 3-Hydroxylgruppe der β-Reihe	Δ^5 Androsten-3 (β) ol-17-on = Dehydroiso-androsteron Androstan-3 (β) ol-17-on = Isoandrosteron Ätiocholan-3 (β) ol-17-on Ätiocholan-3 (β), 11 (β) diol-17-on
ohne Alkoholgruppe (z. T. Kunstprodukte)	Androstan-3 on Δ^{16}-Androsten-3-on Androstan-3,17-dion Ätiocholan-3,17-dion Δ^3-Androsten-17-on $\Delta^{3,5}$-Androstadien-17-on

d) Phenolische Steroide:

Oestron
Oestradiol
Oestriol

mit 1 n Natronlauge extrahiert. Das Extraktionsmittel wird dann noch zweimal mit destilliertem Wasser gewaschen, die Waschwässer werden mit der natronalkalischen Phase (E_2) vereinigt. Diese wird mit Schwefelsäure kongorotsauer gemacht und viermal mit $^1/_2$ Volumen Äther extrahiert. Dieser ätherische Auszug E_2 wird mit Wasser gewaschen, abgedampft und dann in 1 cm³ Äthanol aufgenommen. Die alkoholische Lösung enthält nunmehr die sauren und phenolischen Steroide (E_2), die nach Abschnitt C II 1, S. 58 ff. bestimmt werden können.

Nachdem die Oestrogene in der natronalkalischen Phase (E_2) abgetrennt wurden, bleiben im Extraktionsmittel neutrale ketonische und alkoholische Steroide (E_1) zurück. Der Extrakt wird mit dest. Wasser mehrfach bis zur neutralen Reaktion gewaschen (diese Waschwässer werden mit der natronalkalischen Phase E_2 vereinigt, s. o.), er kann noch über geglühtem Natriumsulfat getrocknet werden, und wird dann zur Trockne verdampft. Der

Rückstand enthält die neutralen alkoholischen und Ketosteroide (E_1). Quantitative Bestimmung s. Abschnitt C II 2, S. 63 ff.

Man muß sich darüber im klaren sein, daß mit jeder Waschung ein Teil der Steroide verlorengeht, und zwar um so mehr, je mehr Hydroxylgruppen sie tragen (Oestriol, Compound F!), denn um so wasserlöslicher werden sie. So werden mit der meist empfohlenen 10%igen Sodalösung beträchtliche Mengen von Oestriol entfernt.

Tabelle 6.

Schema der Fraktionierung in saure, phenolische und neutrale Anteile.

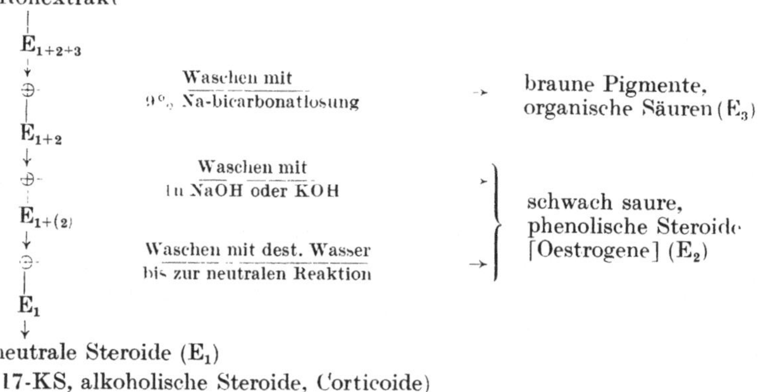

2. Fraktionierung der phenolischen Steroide in Oestron, Oestradiol und in Oestriol.

Die alkoholische Lösung der phenolischen Steroide (E_2) enthält Oestradiol, Oestron und Oestriol ungefähr in einem Verhältnis 1:6:25. Sie wird nun mit 100 cm³ Benzol verdünnt. Aus diesem Benzolextrakt $E2_{a+b+c}$ wird durch dreimaliges Waschen mit je 50 cm³ 0,075 m (1,065%) Na_2HPO_4-Lösung oder mit n/10 NaOH *Oestriol* extrahiert ($E2_c$). Durch n/10 Natronlauge werden aber zusammen mit Oestriol auch schon ziemlich viel von den schwächeren Phenolen Oestradiol und Oestron herausgewaschen. Diese $E2_c$-Phase wird mit Schwefelsäure angesäuert und dann mit Äther extrahiert, der ätherische Extrakt $E2_c$ wird mit dest. Wasser gewaschen und abdestilliert; aus dem Rückstand kann man Oestriol in Alkohol aufnehmen ($E2_c$). Die Benzolphase $E2_{a+b}$ wird unter Zusatz von Äthanol zur Trockne eingedampft, und im Exsiccator über Phosphorpentoxyd völlig getrocknet. Mit GIRARDs Reagens-T können dann Oestron und Oestriol getrennt werden.

Der Rückstand E2$_{a+b}$ wird dazu in 2 cm³ Eisessig aufgenommen, mit 400 mg GIRARDs Reagens-T versetzt, im Glycerinbad 20 min bei 90—100° C gehalten, mit 60 cm³ eiskaltem Wasser versetzt, mit 14 cm³ 10%iger Natronlauge neutralisiert und viermal mit Äther extrahiert.

Der ätherische Extrakt E2$_b$, der Oestradiol enthält, wird mit dest. Wasser gewaschen und zur Trockne gebracht. Diese letzten Waschwässer werden zur wäßrigen Phase E2$_a$ gefügt, aus der Oestradiol soeben extrahiert wurde. E2$_a$ wird dann angesäuert und ebenfalls mit Äther extrahiert, man gewinnt so Oestron E2$_a$ (nach FRIEDGOOD u. Mitarb. 1948a, b).

Weitere Trennmethoden für Oestrogene s. unter Chromatographie, Abschnitt B II 5 b und II 6 b, S. 37.

Tabelle 7. *Schema der Fraktionierung der phenolischen Steroide in Oestron, Oestradiol und Oestriol.*

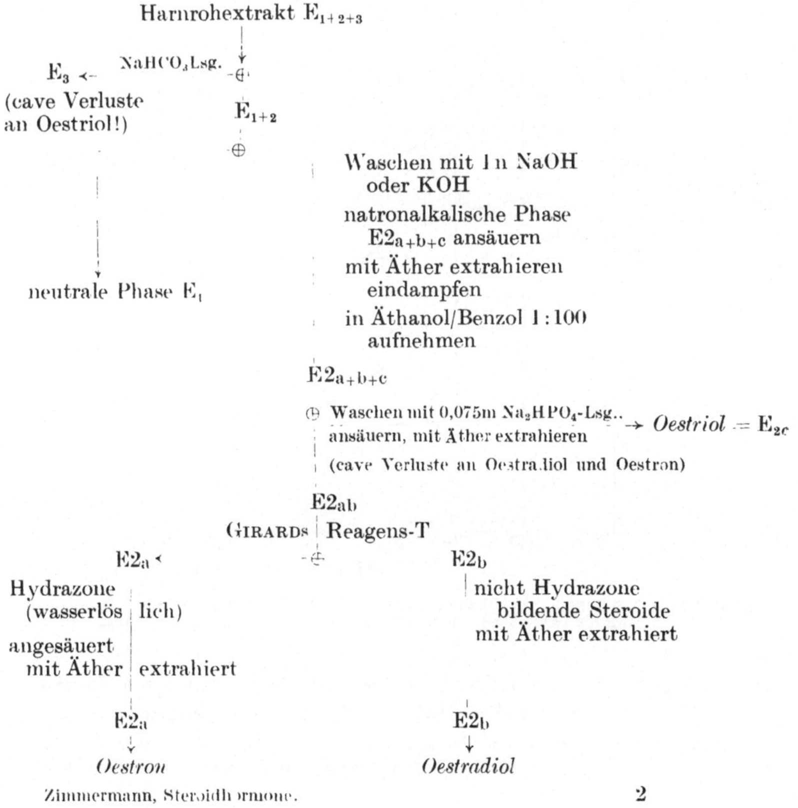

3. Fraktionierung der neutralen Steroide in ketonische und nichtketonische Anteile.

Mit GIRARDs Reagens-T (Trimethylacet-hydrazid-ammonium-chlorid, nach folgender Formel

$$\left.\begin{array}{l} CH_2-\overset{\cdot}{N}(CH_3)_3 \\[4pt] | \\[4pt] CO-NH-NH_2 \end{array}\right]^{+} \; Cl^{-}$$

können die eine Ketogruppe tragenden Steroide in Hydrazone überführt werden. Diese sind wasser-, aber nicht ätherlöslich und bleiben beim Ausschütteln mit Äther in der wäßrigen Phase; während die nicht Hydrazone bildenden Steroide, die also keine Ketogruppe besitzen und bei denen sich es vorwiegend um *neutrale, alkoholische Steroide* handelt, vom Äther aufgenommen und so abgetrennt werden können. In der wäßrigen Phase können die

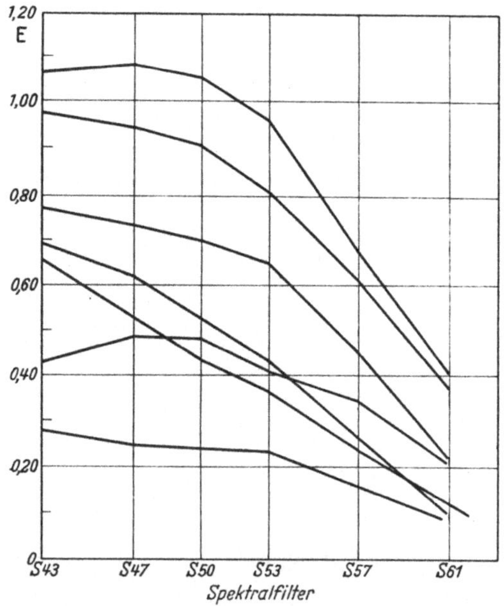

Abb. 1. Absorptionskurven von Harnextrakten *vor* GIRARD-Reinigung (m-Dinitrobenzolreaktion nach ZIMMERMANN). Nach ZIMMERMANN, ANTON u. PONTIUS: Z. physiol. Chem. **289**, 91 (1952).

Hydrazone wieder gespalten und die *neutralen, ketonischen Steroide* ausgeäthert werden; man erfaßt so 3-, 17- und 20-Ketosteroide.

Vorschrift von PINCUS u. PEARLMAN (1941a): Der durch Waschen des Harnextraktes mit Sodalösung, Natronlauge und Wasser vorgereinigte,

aber immer noch rohe Gesamtextrakt wird nach Abdampfen des Lösungsmittels im Exsiccator über Calciumchlorid getrocknet. Der Rückstand
wird in 0,5 cm³ Eisessig gelöst und mit etwa 100 mg GIRARDs Reagens-T
versetzt. Das lose verschlossene Reagenzglas wird dann 20 min lang im
Ölbad auf fast 100° C erhitzt; man kann die Erhitzung auch im Wasserbad
vornehmen, muß dann aber vermeiden, daß Wasserdämpfe in das Reagenzglas gelangen und die gebildeten Hydrazone wieder hydrolysieren. Da diese
Hydrolyse auch bei Zimmertemperatur leicht vor sich gehen kann, muß
die Trennung der ketonischen von der nicht-ketonischen Fraktion nun
möglichst schnell vorgenommen werden. Es wird darum nach Abkühlung

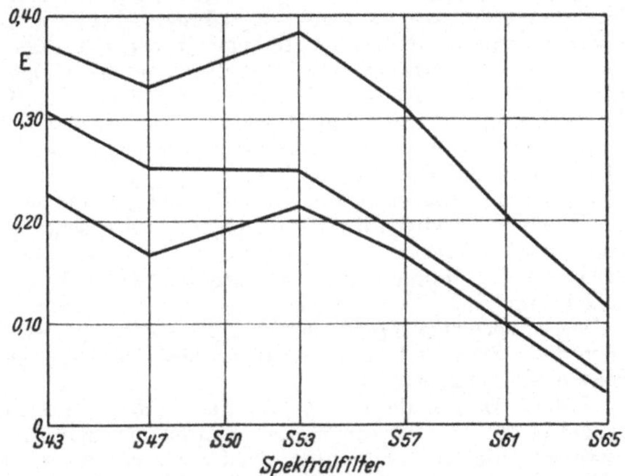

Abb. 2. Absorptionskurven von Harnextrakten *nach* GIRARD-Reinigung (m-Dinitrobenzolreaktion nach ZIMMERMANN). Nach ZIMMERMANN, ANTON u. PONTIUS: Z. physiol. Chem.
289, 91 (1952).

15 cm³ *Eis*wasser zugefügt, *quantitativ* in einen kleinen Scheidetrichter
überführt, und soviel Natronlauge zugefügt, daß etwa $^9/_{10}$ der Essigsäure
neutralisiert sind. Diese Menge wird vorher durch Titration einer Leerprobe
ermittelt. Es wird dann dreimal mit je 20 cm³ Äther extrahiert, diese
ätherischen Auszüge enthalten die nicht-ketonischen, alkoholischen Steroide,
vgl. C II 3, S. 75 ff. Die vereinigten Ätherextrakte werden mit Eiswasser
gewaschen.

Dieses Waschwasser wird mit der wäßrigen Phase, die die Hydrazone
enthält, vereinigt und alles zusammen mit 3 cm³ konz. Salzsäure angesäuert.
Durch mehrstündiges Stehenlassen bei Zimmertemperatur werden die
Hydrazone gespalten; die wieder in Freiheit gesetzten Ketosteroide können
nun dreimal mit Äther ausgeschüttelt werden. Die vereinigten Ätherauszüge
werden mit Sodalösung und Wasser gewaschen, der Äther wird abgedampft
und der Rückstand einer Farbreaktion unterworfen.

Diese Methode ist bei einwandfreiem quantitativen Arbeiten
zwar nicht ganz verlustfrei, aber relativ gut, indes für Routineuntersuchungen zu umständlich. Die Absorptionskurven der
Farbreaktion nach GIRARD-Reinigung ähnelt derjenigen bei reinen
kristallisierten Substanzen (siehe Abb. 1, 2 u. 7). Weitere Einzelheiten

siehe bei DOBRINER, LIEBERMAN u. RHOADS (1948); CALLOW, CALLOW u. EMMENS (1938) SCHILLER, DORFMAN u. MILLER (1945); TALBOT u. Mitarb. (1940a); ZIMMERMANN, ANTON u. PONTIUS (1952).

4. Fraktionierung der neutralen Steroide in α- und β-Steroide.

β-Steroide wie Cholesterin, Dehydroisoandrosteron u.a. bilden mit Digitonin schwer lösliche Molekülverbindungen, die ausfallen und so abgetrennt werden können. Die α-Steroide bleiben hierbei in Lösung.

Der in üblicher Art gewonnene Harnextrakt soll mindestens 1 mg neutrale Gesamtsteroide, aber weniger als 0,5 mg β-Fraktion enthalten, d. h. daß normalerweise mindestens 100 cm³ Harn extrahiert werden müssen. Der alkoholische Harnextrakt wird in einem Zentrifugenglas mit rundem Boden zur Trockne gebracht. Es wird 1 cm³ 1% warme Digitoninlösung (nicht jedes Präparat ist geeignet!) in 90% Alkohol zugegeben, dann wird erhitzt, um alles zu lösen, und über Nacht stehengelassen. Danach wird unter Rühren 10 cm³ Äther zugegeben, um die gebildeten Digitonide auszufällen, und zwar zuerst etwa 7 cm³ tropfenweise, dann der Rest auf einmal. Der Niederschlag wird abzentrifugiert. Die ätherische Lösung mit den α-Steroiden wird dekantiert, der Niederschlag wird noch zweimal mit Äther gewaschen, die vereinigten Ätherextrakte werden im Wasserbad zur Trockne gebracht und im Vakuumexsiccator über Schwefelsäure vollends getrocknet. Der Trockenrückstand wird in abs. Alkohol gelöst, in dieser Lösung können die α-Steroide in üblicher Weise kolorimetrisch oder anders bestimmt werden (s. C II 2, S. 65 ff.).

Die ausgefällten Digitonide der β-Steroide werden in 0,5 cm³ über Bariumoxyd getrocknetem Pyridin unter Rühren bis zur Lösung auf 60—70° C erwärmt, um die Digitonide wieder zu zersetzen. Das freigewordene Digitonin wird durch tropfenweisen Zusatz von 5 cm³ Äther gefällt, wobei die freien Steroide in Lösung bleiben. Der Digitonin-Niederschlag wird abzentrifugiert, evtl. nochmals in Pyridin gelöst und noch einmal mit Äther ausgefällt. Die Pyridin-Ätherextrakte der β-Steroide werden mit 2 n-Schwefelsäure und Wasser gewaschen und zur Trockne gebracht. Der Trockenrückstand wird in abs. Alkohol gelöst und zur kolorimetrischen Bestimmung der β-Steroide verwendet. Schrifttum: BAUMANN u. METZGER (1940); COOK (1952); ENGEL (1950a); FRAME (1944); HASLAM u. KLYNE (1952a); LANGSTROTH, TALBOT u. FINEMAN (1939); TALBOT, BUTLER u. MACLACHLAN (1940b u. c); PINCUS (1945).

Einen anderen Weg zur Bestimmung der α- und β-Steroide beschreiben JAYLE u. Mitarb. (1953). Sie extrahieren aus Harn, der auf p_H 10,5 alkalisiert wurde, mit Butanol die Steroidester und spalten dann in Acetatpuffer bei p_H 5,8 nur die Schwefelsäureester der β-Steroide. Nach Extraktion der β-Steroide wird durch 10 min langes Kochen mit 10%iger konz. Salzsäure vollends hydrolysiert; danach können die α-Steroide extrahiert werden.

5. Säulenchromatographische Fraktionierung.

a) Bei neutralen 17-Ketosteroiden. *Prinzip*: Diese Trennmethode beruht auf der Fähigkeit von Aluminiumoxyd, Kieselsäuregel, Cellulose o. a., Steroide je nach ihrer Polarität verschieden stark zu adsorbieren. Wäscht man eine mit dem Adsorptionsmittel und den daran adsorbierten Steroiden gefüllte Säule mit einem oder mehreren Lösungsmittelgemischen aus, so werden die Steroide verschieden schnell herausgelöst. Bush (1953) macht darauf aufmerksam, daß durch Zugabe kleiner Mengen Alkohol zu Benzol neben Löslichkeitsänderungen auch Verdrängungseffekte eine Rolle spielen können. Die Möglichkeit der Trennung der Steroidhormone ist damit gegeben. Nach Dobriner, Lieberman u. Mitarb. (1948a) werden dabei die Steroide um so später eluiert, je mehr Sauerstoffgruppen sie tragen. Die erste Anwendung der Chromatographie auf Steroide erfolgte durch N. H. Callow (1939) und de Laat (1941). Das Verfahren ist nicht nur zur weiteren Trennung der 17-KS sehr wertvoll, sondern auch zur Trennung von alkoholischen und phenolischen Steroiden, sowie von Corticosteroiden. Literatur s. a. Zechmeister (1950), Hesse (1955).

Hydrolyse u. Extraktion für die Chromatographie: Um Umlagerungen von β-Steroiden zu vermeiden, ist es wichtig, die Hydrolyse möglichst schonend zu gestalten. Dingemanse u. Mitarb. (1946, 1951, 1952) empfahlen eine erste Extraktion des angesäuerten Harnes vor der Hydrolyse, dann eine gleichzeitige Hydrolyse und Extraktion durch Erhitzen von Harn zusammen mit Benzol unter Rückflußkühlung (s. S. 6 unter Hydrolyse 2b). Birke u. Plantin (1954) halten bis auf weiteres die Hydrolyse durch Erhitzen mit 40% Schwefelsäure bei p_H 0,3—0,5 25 min lang, Pond (1953) mit 10%iger konz. Salzsäure 10 min lang für ausreichend. Die Menge des zu extrahierenden Harnes richtet sich nach dem Steroidgehalt; man bestimmt also vor der chromatographischen Trennung in einem Teil die gesamten neutralen 17-KS und extrahiert dann eine Harnportion, die bei der Dingemanseschen Methodik 5—6 mg Steroiden entspricht; also bei normalen Konzentrationen von etwa 10—12 mg/l 17-KS wählt man 500 cm³ Harn, bei 17-Ketosteroidkonzentrationen von 20—25 mg/l extrahiert man 200 cm³, und bei Nebennierenrindentumorfällen mit Konzentrationen um 100 mg/l nur 50 cm³ Harn. Es gibt auch bei der Chromatographie Mikromethoden, bei denen man entsprechend kleinere Harnmengen extrahiert [Zygmuntowicz u. Mitarb. (1951) 0,3 mg 17-KS, Pond (1954) 1—1,2 mg].

Bei der weiteren Aufarbeitung des Harnextraktes genügt im allgemeinen das einfache Waschen mit Sodalösung, Natronlauge und Wasser, wie es vorne beschrieben wurde; eine Trennung in ketonische und nicht-ketonische Anteile mit Girards Reagens-T ist für Routineuntersuchungen nicht erforderlich, wird aber auch manchmal durchgeführt.

Aluminiumoxyd: Man verwendet nach BROCKMANN standardisiertes reines Aluminiumoxyd, und zwar in einer Menge, die mindestens 1000-, möglichst 2500fach größer ist als die Menge der adsorbierten Steroide, d. h. nach DINGEMANSE 15 g Aluminiumoxyd bei einer 17-KS-Menge von 5—6 mg oder nach POND 1,2 g Aluminiumoxyd bei 1—1,2 mg Steroide. Nimmt man zu wenig Adsorptionsmittel im Verhältnis zu den adsorbierten Steroiden. so verwischen sich die Fraktionen bei der Elution. Aus dem gleichen Grunde muß auch der Feuchtigkeitsgehalt des Aluminiumoxyds konstant sein; man bewahrt daher das Material vor dem Gebrauch mindestens eine Woche lang im Exsiccator über 58% Schwefelsäure auf, deren spezifisches Gewicht s = 1,48 kontrolliert und die zwischen 57,5 und 58,5% gehalten werden muß. (DINGEMANSE 1952. s. a. LAKSHMANAN 1953, POND 1954). KRITCHEVSKI (1953) empfiehlt für die Trennung von Androsteron und Ätiocholanolon eine Säule aus 40 g Silikagel mit 16 cm³ Äthanol, die mit 1% Äthanol in Petroläther/Methylenchlorid 1:1 eluiert wird, für die Trennung von 11-Ox-Ketosteroiden eine Säule aus 40 g Silikagel mit 16 cm³ Formamid und Elution mit Cyclohexan/Benzol 1:1.

Apparatur: DINGEMANSE u. Mitarb. (1946, 1951, 1952), MARTI (1951), ROBINSON (1953) u. a. verwenden ein Glasrohr von 15 mm lichter Weite und etwa 50 cm Länge, das unten konisch ausläuft. Über dem unteren Auslauf befindet sich ein Glaswollepfropfen. 15 g des entsprechend vorbehandelten Adsorptionsmittels werden dann in Benzol aufgeschwemmt und in das Rohr eingefüllt; um eine gute ·Trennwirkung zu erzielen, muß das Aluminiumoxyd gleichmäßig dicht gepackt sein.

Andere Autoren verwenden kleinere Apparate (ZYGMUNTOWICZ u. Mitarb. 1951). POND (1951, 1953) empfiehlt zum Beispiel eine Säule von 40 cm Länge und 5 mm innerem Durchmesser, die genau 10 cm hoch mit 1,2 g Aluminiumoxyd beschickt wird. BAUER u. KARL (1952a, b) benötigen 2—3 g Aluminiumoxyd.

Zur Beschleunigung des Durchlaufs kann man mit Unterdruck arbeiten, indem die Säule über einen Vorstoß mit seitlichem Ansatz mit einer dreifach tubulierten Wulffschen Flasche, einem Manometer und einer Wasserstrahlpumpe versehen und luftdicht mit einer Vorlage verbunden wird (BAUER u. KARL, 1952a, b; POND, 1951). Man kann auch mit Überdruck arbeiten, entweder mit einer Stickstoffbombe mit · Reduzierventil (ZYGMUNTOWICZ u. Mitarb., 1951). einem großen Glasballon. in dem mit einer Luftpumpe Überdruck erzeugt wird, oder mit zwei Flaschen, bei denen aus der oberen. hochstehenden und offenen Flasche verdünnte Schwefelsäure in eine tiefstehende, verschlossene Flasche strömt und so einen konstanten Überdruck erzeugt, der einen schnelleren Durchlauf des Filtrates zur Folge hat, ein Verfahren, das sich im hiesigen Laboratorium bewährt hat. Allzu schnelles Durchjagen der Elutionsmittel verschlechtert aber den Trenneffekt. Optimal ist die Filtration von 40—50 Fraktionen im Laufe von 8 Std., während das einfache Abtropfenlassen ohne Über- oder Unterdruck bei etwa 50 Fraktionen doch mehrere Tage in Anspruch nimmt.

Mechanische Apparaturen zur automatischen Durchführung einer chromatographischen Fraktionierung von Steroiden wurden verschiedentlich beschrieben, (BIRKE u. PLANTIN, 1954; MOORE u. STEIN, 1946, 1948; HAINES, 1952). Automatisches Auffangen der einzelnen Fraktionen ist sehr zu empfehlen. S. JOHNSON (1954).

Adsorption und Elution: Eine Lösung des zu trennenden Harnextraktes in 50 cm³ Benzol wird durch die Säule filtriert und dadurch adsorbiert; danach beginnt sofort die Elution. DINGEMANSE u. Mitarb. (1946, 1951. 1952) eluieren nacheinander mit 400 cm³ reinstem, kristallisierbarem Benzol, dann mit 1200 cm³ Benzol mit einem Zusatz von 0,1 Vol.-% Äthanol, danach mit 550 cm³ Benzol mit 0,5 Vol.-% Äthanol, schließlich mit 250 cm³ Benzol mit 2 Vol.-% Äthanol. Das Filtrat wird in 48 Portionen von je 50 cm³ gesammelt. Zwischen den einzelnen Elutionen darf die Säule nie trocken werden. BIRKE u. PLANTIN (1954) eluieren mit 0,05—0,5% Methanol in Benzol: zum Schluß mit reinem Methanol.

BAUER u. KARL (1952 a, b) lösen den zu chromatographierenden Harnextrakt aus normal 500 cm³ Harn in 2—5 cm³ Tetrachlorkohlenstoff und eluierem nacheinander mit 50 cm³ reinem Tetrachlorkohlenstoff, 50 cm³ Tetrachlorkohlenstoff mit Zusatz von 10% Äther. 50 cm³ Tetrachlorkohlenstoff mit 30% Äther. 50 cm³ reinem Äther und 50 cm³ Äthanol; die Eluate werden in Portionen zu je 10 cm³ aufgefangen. Siehe auch BAUER (1952), BAUER u. KARL (1951).

ZYGMUNTOWICZ u. a. (1951) lösen eine Steroidprobe von etwa 0,3 mg nach GIRARD-Trennung in 5 cm³ Benzol, adsorbieren an 1 g Aluminiumoxyd und eluieren mit 45 cm³ 0,05% Methanol in Benzol, 95 cm³ 0,10% Methanol in Benzol, 25 cm³ 0,20% Methanol in Benzol. 25 cm³ 0,50% Methanol in Benzol und 10 cm³ absolutem Methanol. Es werden Fraktionen zu je 5 cm³ aufgefangen. LAKSHMANAN (1953) empfiehlt, die Konzentration des in Benzol gelösten Alkohols nicht stufenweise, sondern kontinuierlich zu steigern, da dann eine bessere Trennung der Fraktionen erfolge.

Messung: Aliquote Teile der einzelnen Fraktionen werden zur Trockne gebracht und dann einzeln einer Farbreaktion oder einem anderen Verfahren unterworfen. Zur besseren Identifizierung der einzelnen Maxima ist es empfehlenswert, mehrere Farbreaktionen nebeneinander anzuwenden. So werden von DINGEMANSE u. Mitarb. (1952) sowie von ZIMMERMANN neben der m-Dinitrobenzolreaktion nach ZIMMERMANN für die gesamten 17-Ketosteroide noch die Antimontrichloridreaktion nach PINCUS für die gesättigten Ketosteroide angewendet. DINGEMANSE berechnet aus der Differenz beider Werte nach besonderen Formeln die ungesättigten Ketosteroide. Von Vorteil ist auch die Anwendung einer Schwefelsäurereaktion nach DIRSCHERL-ALLEN, oder eine ähnliche Methodik für ungesättigte Steroide. Colorimetrische Bestimmung s. Abschnitt C II 2, S. 63 ff.

Werden die je Fraktion gefundenen 17-Ketosteroidwerte in ein Koordinatenkreuz eingetragen, bei dem auf der Abszisse die Nummern der einzelnen Fraktionen, auf der Ordinate die Menge an 17-Ketosteroiden (absolut, oder auf 24 Std. berechnet, oder in Prozent der Gesamtmenge ausgedrückt) eingetragen sind, so entstehen Kurven mit etwa acht Maxima, z. T. auch zweizipfligen Gipfeln.

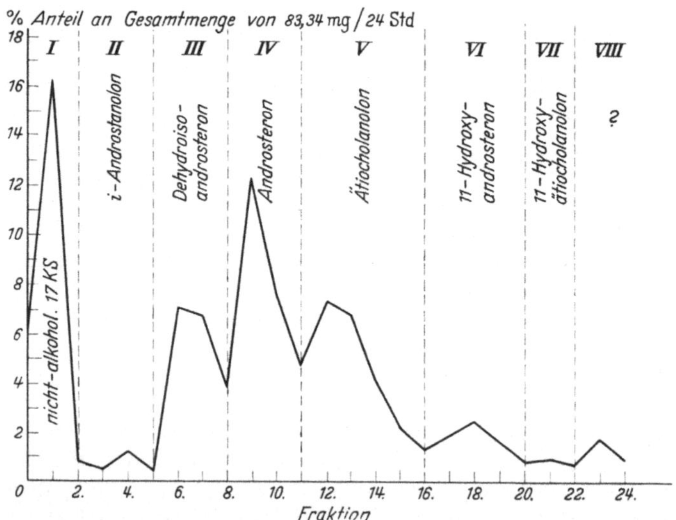

Abb. 3. Chromatographie, Kurve bei einem Fall von M. CUSHING, eigene Untersuchung, Prot. Nr. 181/53 (abgekürzte Routine-Analyse mit 24 Fraktionen).

Für die *Routinediagnostik* hat sich uns eine Vereinfachung bewährt, indem statt 48 Fraktionen à 50 cm³ 24 Fraktionen à 100 cm³ gemessen werden. Der Verlauf der Kurve bleibt dabei praktisch gleich.

Identifizierung der Maxima: Die Lage der einzelnen Maxima ist nicht ganz konstant. Eine Verringerung der Adsorptionskraft des benutzten Aluminiumoxyds durch Aufnahme von Feuchtigkeit. durch Verunreinigungen im Harnextrakt oder in den Elutionsmitteln, durch einen zu hohen Gehalt an nicht ketonischen Steroiden oder 20-Ketosteroiden, oder ein ungünstiges Verhältnis von

Tabelle 8. *Reihenfolge der Elution neutraler Ketosteroide*
(nach LIEBERMAN u. DOBRINER 1948).

1. Monoketone	a) ungesättigte
	b) veresterte
2. Diketone	a) Allopregnan-Pregnan-Reihe
	b) Androstan-Ätiocholanreihe
3. Monohydroxymonoketone .	a) Allopregnan-Pregnan-Reihe
	b) Androsteron-Reihe
	c) Ätiocholan-Reihe
4. Dihydroxymonoketone . .	Androstan-Reihe
5. Monohydroxy-diketone . .	Ätiocholan-Reihe
6. Dihydroxymonoketone . .	Pregnan-Allopregnan-Reihe

adsorbierten Steroiden zu Adsorptionsmitteln unter 1:1000 bis 1:2500 kann zu einer schnelleren Elution führen. Die einzelnen Maxima sind dann nach links verschoben. ohne daß die Reihenfolge der eluierten Steroide sich ändert.

Es ist also notwendig, die einzelnen Maxima zu identifizieren. Am genauesten ist dies durch Ultrarotspektrographie möglich (DOBRINER, LIEBERMAN u. Mitarb., 1948b; BIRKE u. PLANTIN. 1954). Für die Routine genügt die Identifizierung durch Farbreaktionen und die Eichung der Säule durch Zugabe einer bekannten Menge Androsteron oder Dehydroandrosteron zu einem bekannten Harnextrakt, man sieht dann, bei welchem Maximum es zu einer Erhöhung durch die zugegebene Substanz kommt. Einen Anhalt für die Lage von Dehydroandrosteron hat man auch durch die rötliche Färbung einiger Eluate durch Urorosein, das ungefähr an der gleichen Stelle erscheint wie Dehydroandrosteron.

Meist entspricht jedes Maximum einem Gemisch aus einem gesättigten und einem ungesättigten 17-Ketosteroid; jedoch überwiegen die gesättigten Verbindungen bei weitem, so daß der Fehler bei alleiniger Anwendung nur der m-Dinitrobenzolreaktion nicht allzu groß ist. Nach DINGEMANSE u. Mitarb. (1952) entsprechen die Inhaltsstoffe der einzelnen Fraktionen etwa der folgenden Tab. 9.

Tabelle 9. *Zusammensetzung der einzelnen Fraktionen
bei der chromatographischen Trennung der 17-Ketosteroide nach* DINGEMANSE.

Extraktion mit	Fraktion (ungefähr)	Gruppe	Steroid	Bedeutung
400 cm³ Benzol	1—2	I	*Nicht alkoholische 17-Ketosteroide* 3-Chloro-Δ5-androsten-17-on Δ2-Androsten-17-on Δ3:5-Androstadien-17-on	aus i-Androstanolon aus Androsteron aus Dehydroisoandrosteron (Artefakte der Hydrolyse)
	4—8	II	*β-Steroidgruppe* i-Androstan-6-ol,17-on	Derivate der Nebennierenrinde
1200 cm³ Benzol $\div$ 0,1% Äthanol	9—10	III	Dehydroisoandrosteron + Isoandrosteron	
	11—20	IV	*α-Steroidgruppe* Androsteron +Δ9-Androsten,-3 (α) ol-17-on	Derivat der Testes Artefakt aus 11-Hydroxyandrosteron
	21—32	V	Ätiocholan,-3 (α)-ol,-17 on +Δ9-Ätiocholen,-3 (α) ol,-17 on	z. T. aus Testes, z. T. aus NNR stammend Artefakt aus 11-Hydroxy-ätiocholanolon
550 cm³ Benzol + 0,5% Äthanol	33—38	VI	*Gruppe der 11-OH-Steroide* 11-Hydroxy-androsteron	Derivate der Nebennierenrinde
	39—43	VII	11-Hydroxy-ätiocholanolon	
250 cm³ Benzol + 2% Äthanol	44—48	VIII	*Gruppe von Ketosteroiden noch unbekannter Natur*	

Zweckmäßig ist dabei eine Zusammenfassung jeweils der zusammengehörenden Gruppen von II und III, und von VI und VII
(Gruppen der β-Steroide bzw. der 11-Hydroxy-Steroide), die
zusammen vorwiegend aus der Nebennierenrinde stammen, sowie
der Gruppen IV und V (Androsteron + Ätiocholanolon), die vorwiegend aus den Testes stammen.

Die normale prozentuale Verteilung der gefundenen 17-Ketosteroide auf die einzelnen Fraktionen ist aus der Tab. 10 zu entnehmen, die aus den Angaben von DEVIS (1951) für Kinder, von

BIRKE u. PLANTIN (1954), DINGEMANSE u. Mitarb. (1952), POND (1954) und von ZYGMUNTOWICZ u. Mitarb. (1951) für Erwachsene zusammengestellt wurde.

Es fällt dabei auf, daß die Gruppen (IV + V) bei Erwachsenen höher als bei Kindern sind; denn es handelt sich um die Steroide,

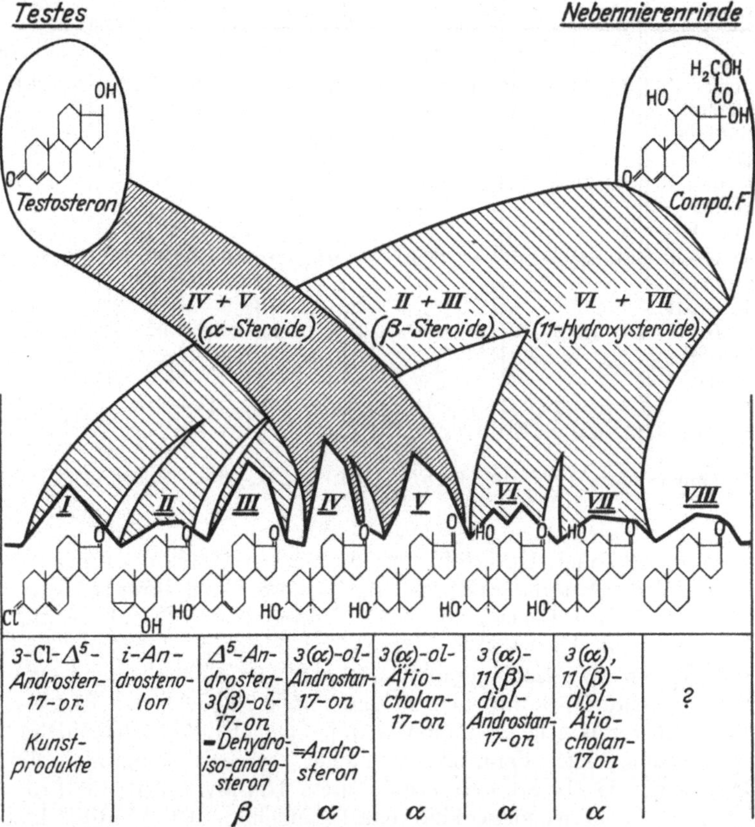

3-Cl-Δ⁵-Androsten-17-on Kunstprodukte	i-Androstenolon	Δ⁵-Androsten-3(β)-ol-17-on =Dehydro-iso-androsteron	3(α)-ol-Androstan-17-on =Androsteron	3(α)-ol-Ätiocholan-17-on	3(α)-11(β)-diol-Androstan-17-on	3(α),11(β)-diol-Ätiocholan-17on	?
		β	α	α	α	α	

Abb. 4. Schema der hauptsächlichsten Herkunft der einzelnen Fraktionen bei der chromatographischen Trennung der 17-Ketosteroide.

die beim Manne vorwiegend aus den Testes, bei der Frau nach DINGEMANSE u. Mitarb. (1951) vielleicht aus den Ovarien stammen. Umgekehrt scheinen die Gruppen (VI + VII) und VIII nach den Angaben von DEVIS (1951) bei Kindern höher als bei Erwachsenen zu sein. Zwischen beiden Geschlechtern werden beim Erwachsenen

Tabelle 10. *Normale prozentuale Verteilung der 17-Ketosteroide bei der chromatographischen Trennung.*

| | Kinder | | Frauen nach | | | | Männer nach | | | |
| Autor: | 1—6 Jahre De | 7—17 Jahre De | Di | BP | Po | Zy | Di | BP | Po | Zy |
Gruppe	%	%	%	%	%	%	%	%	%	%
I. nicht-alkohol. Steroide	9—27	6—30	1—27	7—8	}20	1,7	2—16	5—8	}21	2,4
II + III β-Steroid-gruppe	0—36	0—34	1—29	5—8		39,7	8—41	6—10		47,4
IV + V α-Steroid-gruppe	3—28	5—45	30—66	61—65	66	48,8	33—63	65—68	66	36,1
VI + VII 11-Ox-Steroid-gruppe	20—42	27—31	3—26	10—13	9	9,8	4—23	6—11	10	14,6
VIII ?	15—43	8—24	0—19	1—3	—	—	0—15	2—3	—	—

Anmerkung: De = Devis, Di = Dingemanse, BP = Birke u. Plantin, Po = Pond, Zy = Zygmuntowicz.

keine wesentlichen Unterschiede gefunden. Im Mittel kann man sagen, daß der Anteil der Gruppen der β-Steroide und ihrer Derivate (Fraktionen I—III) etwa 20%, der Gruppe der α-Steroide (Fraktionen IV und V) etwa 65% beträgt, bei einem Verhältnis von Androsteron zu Ätiocholanolon wie 1:1; die Menge der 11-Ox-Steroide beläuft sich auf rund 10%, der Rest ist nicht identifiziert. Die Androsteron-Ätiocholanolon-Gruppe spiegelt dabei den Grad der Virilisierung wider; denn sie nimmt bei Vermännlichung zu. Die Gruppe der 11-Ox-Steroide scheint dem Umsatz (nicht der Produktion!) an Glucocorticoiden parallelzugehen. Die Gruppe der β-Steroide ist nicht für die Nebennierenrindenaktivität als solche charakteristisch, sondern stellt gleichsam unverbrauchtes und als Überschuß ausgeschiedenes Rohprodukt für die Synthese der Nebennierenrindenhormone dar; ist diese Synthese wie bei einem vermännlichenden Nebennierenrindentumor gestört, weil den unreifen Tumorzellen das Ferment zur Einführung der 11-Hydroxyl-gruppe fehlt, dann wird dieses Rohprodukt vermehrt ausgeschieden. Bei pathologischer 17-KS-Ausscheidung findet man nämlich bei

M. Cushing die Gruppen VI und VII erhöht, der Anteil der β-Steroide ist aber nur bei Vorhandensein eines NNR-Tumors auf über 50% erhöht; bei M. Cushing ohne NNR-Tumor ist diese Gruppe in etwa normaler Menge vorhanden. Bei Hypogonadismus sind alle Fraktionen gleichmäßig erniedrigt, ebenso meist bei Simmondscher Kachexie (Birke u. Plantin, 1954; Pond, 1954).

Der klinische Wert einer chromatographischen Fraktionierung ist wegen der Umständlichkeit und der Kosten der Methode auf bestimmte Fälle beschränkt, vor allem auf gemischte Cushing-Formen zur Erkennung einer Überproduktion sowohl von androgenen Steroiden als von Glucocorticoiden, was für Therapie und Prognose von Wichtigkeit erscheint. Daneben ist die chromatographische Fraktionierung von Bedeutung für das Verständnis von physiologischen und pathologischen Vorgängen im Steroidhormonstoffwechsel.

b) Anwendung der Chromatographie auf Oestrogene und Pregnandiol. Bei der chromatographischen Trennung von Oestron, Oestradiol und Oestriol lösen Nyc, Mason, Garst u. Friedgood (1951) die Oestrogene in Methanol, adsorbieren an eine Säule, die mit pulverisiertem „Meleorub-Gummi" gefüllt ist, und eluieren mit je 20 cm³ 20%, 40% und 60% wäßrigem Methanol nacheinander Oestriol, Oestradiol und Oestron. Weitere Vorschriften zur chromatographischen Trennung von Oestrogenen stammen von Heintzberger (1942) und von Stimmel (1944, 1946 a, b).

Zur Anwendung der chromatographischen Methodik auf Pregnandiol vgl. Abschnitt III 4 S.45 [Stimmel, Randolph u. Conn (1952) u. Dati u. Mitarb. (1951), Huber (1947), Rogers u. Sturgis (1950), Watteville u. Mitarb. (1948, 1950)].

c) Säulenchromatographie bei Corticoiden. Hofmann u. Staudinger (1951a, 1952) benutzen eine Säule, die mit Whatman-Cellulosepulver gefüllt ist. Der Corticoidextrakt wird in Methylalkohol aufgenommen, von etwas Cellulosepulver aufgesaugt. das Pulver wird an der Luft getrocknet und dann auf die Cellulosesäule aufgebracht. Es wird langsam mit Wasser, das mit stark polarem Butanol oder Heptanol gesättigt ist, eluiert. Wenn man die Eluate portionsweise auffängt, dann ist in den ersten Fraktionen 17-Hydroxy-corticosteron und 11-Dehydro-17-Hydroxy-corticosteron vorhanden, es folgen Corticosteron und 11-Dehydro-corticosteron, schließlich 11-Desoxy-17-Hydroxy-corticosteron und 11-Desoxy-corticosteron.

Haines (1952) benutzt eine Säule aus 30 g Silicagel, das mit 21 cm³ Äthylenglykol (gesättigt mit Cyclohexan und Methylenchlorid) getränkt ist und eluiert bei einem Durchlauf von 4 cm³/min mit Gemischen von Cyclohexan und Methylenchlorid 4:1, 2:1, 1:4 und reinem Methylenchlorid. Ein typisches Chromatogramm zeigt Abb. 5: (s. a. ROMANOFF u. WOLF, 1954.)

DEVIS (1951) adsorbierte die Corticoide in Benzol-Hexanlösung 1:1 an stand. Aluminiumoxyd und eluiert mit Benzol-Hexan 1:1, reinem Benzol, Benzol-Äthanol 1:0,005 und 1:0,02. er erhält dabei 4—6 Maxima. Vgl. auch PINCUS u. ROMANOFF (1950). Bei Aluminiumoxyd besteht aber die Gefahr, daß es bei den Corticoiden zu Umlagerungen kommt.

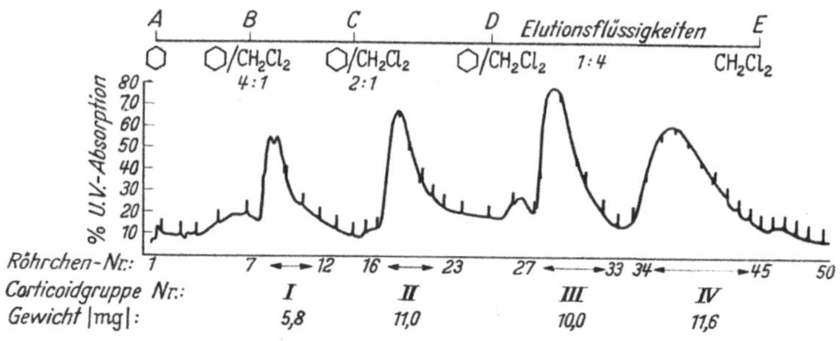

Abb. 5. Chromatogramm von Corticoiden nach HAINES; aus Rec. Progr. Horm. Res. 7, 255 (1952).

6. Papierchromatographische Trennung von Steroiden.

Prinzip: Weiches, saugfähiges Papier wird mit einem Lösungsmittel (Formamid, wäßrige Lösungen) getränkt; das zu trennende Gemisch wird an einem Punkte aufgebracht und dann durch ein zweites Lösungsmittel (Benzol, Toluol), das mit dem ersten nicht mischbar ist, weiter transportiert. Das Lösungsmittel, mit dem das Papier getränkt ist, ist die stationäre Phase, das damit gesättigte Elutionsmittel die bewegliche Phase; zwischen beiden verteilen sich die zu trennenden Stoffe nach ihrem Verteilungskoeffizienten. Man wählt z. B. für die stationäre Phase hochpolare Lösungsmittel wie Formamid, für die bewegliche Phase wenig polare Verbindungen wie Benzol oder Toluol. Dabei ergeben sich verschiedene Wanderungsgeschwindigkeiten der aufgebrachten Stoffe, so daß eine Trennung erfolgen kann. Als Maß der Wanderungsgeschwindigkeit dient der Ausdruck R_F, das ist das Verhältnis der von einem Stoff zurückgelegten Wegstrecke zu der Strecke. die sich das Elutionsmittel insgesamt bewegt hat. Der R_F-Wert kann also höchstens = 1 sein und ist meist unter 1[1]. Man kann

---

[1] Als R_F-Wert bezeichnet man die Wegstrecke von Ketosteroiden im Verhältnis zu Testosteron; diese Maßzahl kann sowohl größer als auch kleiner als 1 sein.

aufsteigend oder absteigend chromatographieren; bei der absteigenden Papierchromatographie taucht der Papierstreifen oder -bogen *oben* in einen Trog mit dem Elutionsmittel, bei der aufsteigenden Papierchromatographie *unten*. Das Ganze befindet sich in einem luftdichten Gefäß oder in einem Glasstutzen, damit die Atmosphäre im Inneren der Apparatur mit Wasser oder mit einem anderen Mittel gesättigt erhalten werden kann (Apparatur s. HELLMANN, 1951). Es gibt eine ein- und eine zweidimensionale Arbeitsweise. Im ersteren Falle bringt man das zu trennende Substanzgemisch etwa 5—7 cm vom Rande des Streifens, außerhalb des Troges auf und läßt es dort antrocknen; dann wird der Streifen mehrere Stunden in die Kammer gehängt, bis das Papier mit der Atmosphäre im Gleichgewicht steht. Schließlich wird das Elutionsmittel in den Trog gefüllt und 1—3 Tage lang chromatographiert. Beim zweidimensionalen Arbeiten wird mit Bogen statt mit Streifen gearbeitet und nach dem Durchlaufen des Elutionsmittels in einer Richtung der Bogen um 90° gedreht und mit einem zweiten Lösungsmittel senkrecht zur ersten Richtung nochmals entwickelt. Durch Farbreaktionen oder Ultraviolett-Absorptionsverfahren wird dann die Lage der einzelnen Substanzen des Gemisches in Form von Flecken erkannt; die Flecken können einzeln eluiert und zur quantitativen Auswertung benutzt werden. Siehe auch HELLMANN und KARLSON (1954).

a) **Anwendung auf Corticosteroide.** Für diese Steroide wurde die Papierchromatographie von BURTON, ZAFFARONI u. KEUTMAN (1949, 1950, 1951) ausgearbeitet. Als stationäre Phase, mit der die Streifen imprägniert wurden, verwenden sie Formamid. Der Überschuß an Formamid wird zwischen Filtrierpapier entfernt. dann die Probe aufgebracht und das Chromatogramm im absteigenden Verfahren mit Benzol oder Toluol, gesättigt mit Formamid, entwickelt. Das relativ weniger polare Desoxycorticosteron wandert am schnellsten, das stärker polare 17-Hydroxy-corticosteron am langsamsten. Die Reihenfolge der Elution ist hierbei umgekehrt wie z. B. bei der vorher erwähnten Säulenchromatographie mit Cellulose nach HOFMANN u. STAUDINGER, weil bei der Papierchromatographie nach ZAFFARONI die stärker polare Phase stationär ist und die stärker polaren Steroide fester hält als die weniger polaren; dagegen benutzen HOFMANN u. STAUDINGER (1951a, b) die stärker polare Phase als Elutionsmittel, das sich bewegt und damit die stärker polaren Verbindungen zuerst mitnimmt. Diese Autoren lösen bei der Papierchromatographie die Corticoide in reinem Methanol, tragen sie auf das Papier auf und entwickeln etwa 25—40 Std. mit Wasser, das mit Butanol gesättigt ist. in einer mit Wasserdampf gesättigten Kammer. Sie geben folgende Wanderungsgeschwindigkeiten an (Tab. 11):

Tabelle 11. *Wanderungsgeschwindigkeiten von Corticoiden bei der Papierchromatographie nach* HOFMANN u. STAUDINGER (1951).

Corticosteroid	R_F-Wert	relative Wanderungs-geschwindigkeit auf DOC bezogen
Desoxycorticosteron	0,09	1
11-Desoxy-17-hydroxy-corticosteron	0,15	1,6
Corticosteron	0,27	3
11-Dehydro-17-hydroxy-corticosteron. . . .	0,35	3,9
17-Hydroxy-corticosteron	0,36	4

Sie eluieren dann die einzelnen Flecken nach Formazanbildung mit Tetrahydrofuran. Überführung der Corticosteroide in GIRARD-Verbindungen ergab keinen Vorteil. HÜBENER. HOFFMANN u. BODE (1952) benutzen die aufsteigende Papierchromatographie zur Trennung der Corticoide und lassen zuerst Xylol/Formamid im Papier aufsteigen, um eine Anreicherung mit Formamid zu erreichen. da sich Xylol leichter verflüchtigt. Dann wird die Substanz aufgetragen, das Papier getrocknet und das Chromatogramm mit Xylol. das mit Formamid gesättigt ist. entwickelt. Das fertige Chromatogramm wird an der Luft getrocknet. Die Lage der Corticoide wird durch UV-Photographie (ebenso arbeitet auch HAINES. 1952) mit einer Niederdruck-Quecksilberlampe nachgewiesen: bei den benachbarten Streifen werden dann die entsprechenden Papierstücke in gleicher Höhe herausgeschnitten. Nach Elution mit absolutem Alkohol kann die Konzentration auf Grund der charakteristischen Absorption aus einer Eichkurve ermittelt werden.

Ein stark vereinfachtes Verfahren geben SAKAL u. MERRILL (1953) an. Sie rollen einen Bogen Whatman Nr. 12 Papier zu einem Zylinder und bringen das Material in Tropfen von höchstens 0.5 cm Durchmesser auf eine Startlinie auf. die 8 cm über dem Boden liegt. Diese Papierrolle kommt in einen Glaszylinder. der mit einem Gemisch aus 225 cm³ Xylol und 75 cm³ abs. Methanol beschickt und dann luftdicht verschlossen wird. Das Lösungsmittelgemisch steigt in $2^1/_2$ Std. etwa 25 cm hoch. Das Papier wird dann luftgetrocknet. Die Steroide werden mit einer der bekannten Methoden lokalisiert und bestimmt.

Für diese Bestimmung von Corticoiden auf Papierchromatogrammen empfiehlt OERTEL (1954) als Reagens das Tetrazolium-

acetat des tiefblau gefärbten N,N'-p(Di-o-methoxy)-Diphenylen-
N'',N'''-Diphenyl-C,C'-Dianisyl-Diformazan (oder ähnliche Verbindungen, Formel nebenstehend). Das gut getrocknete Chromatogramm, auf dem die Corticoide streifenförmig entwickelt sind,
zieht man durch eine Reagenzlösung aus 1,5 g Tetrazoliumsalz in
100 cm³ Methanol/Wasser 1:1 und 5 g Natriumhydroxyd in 100 cm³
Methanol/Wasser 1:1 (stets frisch bereitet) und hält es kurze Zeit
in strömenden Wasserdampf: die Farbstreifen erscheinen dann
innerhalb weniger Sekunden. Nach dem Waschen in 50% wäßrigem Methanol wird der Streifen getrocknet, 30 min in Transparenzöl gelegt und mit einem Auswertgerät durchgemessen. Die
Flächengröße der erhaltenen Extinktionskurve ist der jeweiligen
Corticoidkonzentration proportional und wird mit einem Planimeter ausgemessen. Mit Hilfe einer Eichkurve, die für jedes
Corticosteroid gesondert aufzustellen ist, lassen sich die Konzentrationen an Nebennierenrindenhormonen ermitteln. Es sind bis
zu 10 γ nachweisbar, die Fehlerbreite beträgt etwa ± 5%.

Vgl. auch COURCY, BUSH, GRAY u. LUNNON (1953), ROMANOFF
u. WOLFF (1954), I. E. BUSH (1954), und A. ZAFFARONI (1953).

b) Anwendung auf 17-Ketosteroide u. a. ZAFFARONI u. Mitarb.
(1949), bzw. BURTON u. Mitarb. (1948) überführen die Ketosteroide
in ihre Hydrazone und eluieren mit Wasser-gesättigtem Butanol.
Die R_F-Werte von Androsteron bzw. Isoandrosteron und von
Dehydroandrosteron bzw. Ätiocholan-3(α)ol-17-on liegen aber mit
0,42 und 0,49 dicht zusammen. Die Flecken können mit ammonia-
kalischer Silbernitratlösung oder Kaliumjodplatinat dargestellt
werden. KRITCHEVSKY u. TISELIUS (1951) verwenden mit Silicon
getränktes Papier, eluieren mit Chloroform/Äthanol/Wasser und

stellen die Flecken durch Besprühen mit einem Gemisch alkoholischer Lösungen von m-Dinitrobenzol und Kalilauge (ZIMMERMANN-Reaktion) und 60 sec langes Trocknen bei 110° C dar. Als R_F-Werte werden für Androstan-3,17-dion: 0,25, Δ^4-Androsten-3,17-dion: 0,385, Androsteron: 0,420, Isoandrosteron: 0,527, Dehydroisoandrosteron: 0,60, Testosteron: 0,64 angegeben.

Tabelle 12. *R_F-Werte von 17-Ketosteroiden bei der Papierchromatographie nach* BUSH *bzw.* MIGEON *u.* PLAGER *(1954).*
(Whatman Nr. 2-Papier, Lösungsmittel Benzol/Leichtpetroleum 1 + 2. -Methanol/Wasser 4 + 1; 37°.)

11 (α) Hydroxy-Δ^4-androsten-3,17-dion	0,105
11 (β) Hydroxy-Δ^4-androsten-3,17-dion	0,299
1^4-Androsten-3,11,17-trion	0,447
Testosteron	0,466
Androstan-3,11,17-trion	0,585
Dehydroisoandrosteron	0,590
Isoandrosteron	0,633
Ätiocholan-3 (α) ol-17-on	0,640
Ätiocholan-17-ol,3-on	0,700
1^4-Androsten-3,17-dion	0,703
1^1-Androsten-3,17-dion	0,750
Androsteron	0,757
Androstan-3,17-dion	0,790

KOCHAKIAN u. STIDWORTHY (1952) sowie OERTEL (1954) benutzen als stationäre Phase, mit der das Papier (Whatman Nr. 1. oder Schleicher & Schüll Nr. 2043 b, 50 × 10 cm) getränkt ist, ein Propylen-Methanol-Gemisch 1:1. Auf diesem Streifen werden etwa 200—300 γ des Gemisches von 17-Ketosteroiden in 0,02 cm³ Äthanol aufgetragen: eluiert wird mit Benzol-Cyclohexan 1:1 absteigend 6—24 Std. Der bei 50° getrocknete Papierstreifen wird zur Entwicklung kurz durch eine Reagenzlösung nach ZIMMERMANN aus 1,5 g m-Dinitrobenzol in 95 cm³ Methanol + 5 cm³ Propylenglykol und 10 g Kaliumhydroxyd in 80 cm³ Methanol + 20 cm³ Wasser (stets frisch bereiten!) gezogen und 2—3 min in einem 50—60° heißen Luftstrom (Föhn) getrocknet. Anschließend zieht man den Streifen erneut durch die Entwicklerlösung, wobei auf gleichmäßige Verteilung des Reagenses zu achten ist, und trocknet 5 min im heißen Luftstrom wie vorher. Der Streifen wird nun zurechtgeschnitten, 30 min in Transparenzöl gelegt und sofort in einem elektrischen Auswertgerät photometriert. Die Flächengröße der Extinktionskurven ist der Konzentration an 17-Ketosteroiden proportional und wird mit einem Planimeter ausgemessen.

Die der jeweiligen Extinktion entsprechende Konzentration an 17-Ketosteroiden entnimmt man einer mit Androsteron aufgestellten Eichkurve. Die durchschnittliche Fehlerbreite beträgt etwa $\pm$ 5%, die untere Empfindlichkeitsgrenze der Methode liegt bei 10 γ. Nach MIGEON u. PLAGER (1954) wird der beste Kontrast zwischen Untergrund und Farbreaktion der 17-Ketosteroide gefunden, wenn das Papier mit 2,5 n-Kalilauge in absolutem Äthanol besprüht, wenige Minuten getrocknet, dann mit 1% Metadinitrobenzollösung in absolutem Äthanol besprüht und vor einer Batterie von Infrarotlampen getrocknet wird.

Die Papierchromatographie wurde auch zur Trennung von *phenolischen Steroiden* (Oestrogenen) angegeben (BOSCOTT, 1951a; GHILAIN u. BOUTE, 1953). Das Verfahren schließt sich eng an das für Corticoide angegebene an. Whatman Nr. 4-Papier wird mit Formamid als stationärer Phase getränkt und Harnextrakt in absolutem Alkohol in 6 cm Abstand vom Papierrand aufgetragen. Die absteigende Chromatographie erfolgt mittels Formamidgesättigtem Benzol in drei Stunden. Ein Gemisch kristallisierter Oestrogene wird gleichzeitig zur Kontrolle in gleicher Weise behandelt. Die Sichtbarmachung der Flecken erfolgt durch aufeinanderfolgende Behandlung zuerst mit nitrosen Dämpfen, dann mit Ammoniakdämpfen, es entstehen dabei gelbe Flecken. Die Papierstreifen können auch in Stücke zerschnitten und diese einzeln eluiert, dann in der Lösung die phenolischen Steroide mittels einer Farbreaktion (KOBER-Reaktion o. ä.) bestimmt werden. AXELROD (1954) benutzt zur Trennung von Oestriol, Oestradiol und Oestron ein o-Dichlorbenzol-Formamid-System und bestimmt die Oestrogene nach Elution an Hand ihrer Absorption in rauchender Schwefelsäure mit 15% SO_3-Gehalt (s. auch MARKWARDT, 1954).

Zur papierchromatographischen Isolierung von *Progesteron* benutzen ZANDER u. SIMMER (1954) sowohl das absteigende als auch das aufsteigende Verfahren. Die kürzeste Versuchsdauer von 2 Std. wird mit der aufsteigenden Chromatographie mit 80% Methanol als stationärer und Leichtpetroleum (Sp. 55—65°) als mobiler Phase bei 37° erzielt. Die Sättigung der beiden Phasen erfolgt über Nacht bei 37°, die Equilibrierung mit aufgetragenen Extrakten 1 Std. lang. Danach wird binnen einer Stunde eine Laufstrecke von 19—25 cm erzielt. Die Lokalisation von Progesteron auf dem Papier erfolgt durch UV-Kontaktphotographie mit Quecksilber-Niederdruckbrenner bei 254 μ. Der Bereich der UV-Absorption wird herausgeschnitten und mit 5 cm^3 Methanol binnen 30 min eluiert.

7. Papierelektrophoretische Trennung.

Bei der papierchromatographischen Trennung kann bei Stoffen. die zugleich Elektrolyte sind, die Wanderungsgeschwindigkeit im Papier durch Anlegen eines Gleichstromes verstärkt werden, man kommt so zur Papierelektrophorese (GRASSMANN u. HANNIG. 1952). Es wird dabei mit 110 V, 1 mA, 14 Std. lang. oder 300 bis 350 V, 20 mA. 2—3 Std. (SCHNEIDER u. WUNDERLY, 1952). oder 380 V. 1,5 mA (v. HOLT, VOIGT u. GAEDE, 1952), oder 2800—6000 V entsprechend 70—120 V/cm in 1—2 Std. (KICKHÖFEN u. WESTPHAL, 1952) gearbeitet. Da das Verfahren sich auch auf phenolische und enolisierbare Steroide anwenden läßt. soll darauf aufmerksam gemacht werden. VOIGT u. BECKMANN (1953. 1954) benutzen es zur Trennung von neutralen 17-Ketosteroiden. die nach vorhergehender GIRARD- und α-β-Trennung in Bernsteinsäurehalbester übergeführt und als Natriumsalze der Papierelektrophorese bei 380 V und 1.5 mA unterworfen werden. Die 17-Ketosteroidfraktionen werden dazu mit einem geringen Überschuß frisch geschmolzenen Bernsteinsäureanhydrids in Pyridin 18 Std. lang bei 60° am Rückflußkühler verestert. Nach Abdampfen des Pyridins im Vakuum wird der Rückstand in 90% Methylalkohol aufgenommen und mit n/100 alkoholischer Natronlauge mittels einer Glaselektrode bis p_H 7,0 titriert (Indicator Bromkresolpurpur). Es darf dabei nicht über den Neutralpunkt hinaus Natronlauge zugegeben werden. Die Ansätze werden 12 Std. bei Zimmertemperatur belassen. anschließend wird der Alkohol im Vakuum abgedampft. Der trockne Rückstand wird in einem Phosphatpuffer (p_H 7,2)-Äthanol-Gemisch 1:1 gelöst. 0,04 cm³ der etwa 1%igen Steroidlösung werden auf den mit Puffer (wäßriger Phosphatpuffer/Methanol 4 + 1) getränkten Papierstreifen aufgebracht. Nach der 2 Std. lang währenden Papierelektrophorese ist eine ausreichende Fraktionierung erfolgt. Die einzelnen Streifen können unter einer Analysenquarzlampe nach vorheriger Behandlung mit 15% Phosphorsäure o. a. sichtbar gemacht und die einzelnen Streifen analog dem Fluorescenzbild herausgeschnitten und 24 Std. lang in Äthanol eluiert werden; in diesen Eluaten kann der 17-Ketosteroidgehalt nach ZIMMERMANN bestimmt werden. Bei den einzelnen Banden handelt es sich jedoch noch nicht um reine Steroide. sondern um Gemische verschiedener Steroidabbauprodukte. Die Autoren fanden indes eine gleichförmige Verteilung bei Normalpatienten. dagegen deutliche Abweichungen bei einzelnen Krankheiten.

8. Trennung von Hormonen durch Gegenstromverteilung.

Bei der normalen Aufbereitung von Proben für Hormonanalysen wird z. B. Harn (wäßrige Phase) mit einem organischen Lösungsmittel, das sich mit Wasser nicht mischt, einmal oder mehrfach extrahiert, die Extrakte werden vereinigt und zusammen mit Wasser oder wäßrigen Lösungen gewaschen. Bei der Gegenstromverteilung wird die eine, z. B. die wäßrige Phase (W), viel häufiger, 25—220 mal extrahiert; die einzelnen Extrakte (E) werden aber nicht vereinigt, sondern jeder — E_1, E_2 — für sich mit neuer wäßriger Phase $(W_2, W_3 \ldots)$ immer wieder ausgewaschen. In den einzelnen Arbeitsgängen wird dabei fortlaufend mit dem 2. (3., 4. . . .) Extrakt das Waschwasser (bzw. die 1. Phase) der vorherigen (1., 2., 3. . . .) Extraktion zurückextrahiert:

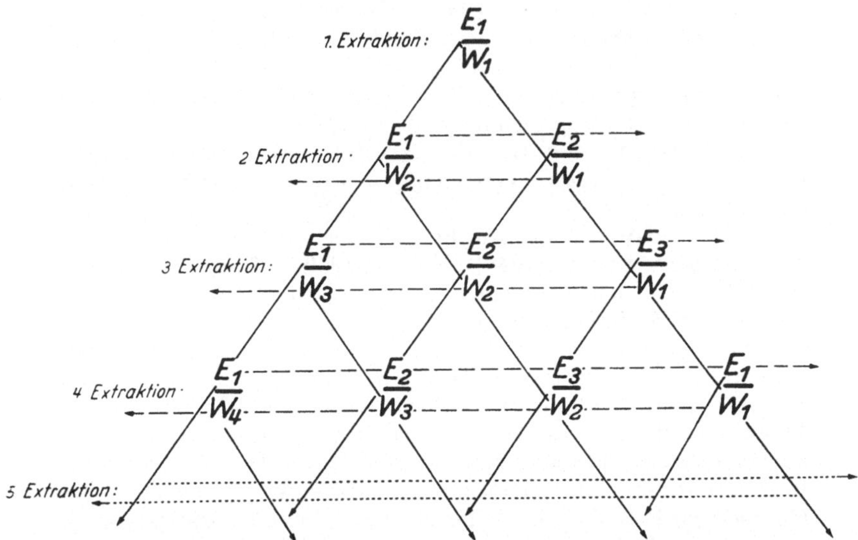

Es wird also z. B. die 1. wäßrige Phase W_1 25 mal oder häufiger mit einem organischen Lösungsmittel E_1, E_2 . . . extrahiert, umgekehrt der erste und jeder folgende Extrakt 25 mal oder häufiger mit einer wäßrigen Phase zurückextrahiert. Durch diese potenzierte Verteilung eines gelösten Stoffes zwischen zwei Phasen entsteht eine für den betreffenden Stoff charakteristische Konzentrationskurve. Trägt man in ein Koordinatenkreuz die schließlich in jedem der Röhrchen befindliche Substanzmenge auf der Ordinate und die Nummer des betreffenden Gefäßes auf der Abszisse auf, so erhält man bei nur einer gelösten Substanz eine gleichschenklige Kurve mit einem Maximum. Die Lage dieses Maximums ist von dem Verteilungskoeffizienten des Stoffes zwischen beiden Phasen abhängig. Wenn man die Versuchsbedingungen. z. B. die Temperatur konstant hält und Dissoziations- und Assoziationsvorgänge ausschalten kann, dann handelt es sich bei diesem Maximum und seiner Lage um eine physikalische Konstante, wie z.B. den Schmelzpunkt, die für den betreffenden Stoff charakteristisch ist. Bei anderen Stoffen mit anderen Verteilungskoeffizienten zwischen diesen beiden Phasen wird das Maximum eine andere Lage haben. So hat man die Möglichkeit. mehrere Stoffe im Gemisch mehr oder weniger weitgehend voneinander zu trennen. zum mindesten aber an Hand der verschiedenen Maxima zu erkennen. ob es sich um einen einheitlichen Stoff oder um ein Stoffgemisch handelt. Das ist das Prinzip der sog. Gegenstromverteilung (countercurrent distribution). Die technischen Möglichkeiten zu diesen vervielfachten Extraktionen wurden durch besondere Maschinen geschaffen. Auf Einzelheiten soll indes hier nicht eingegangen werden, dazu sei auf zusammenfassende Veröffentlichungen verwiesen (GAEDE, V. HOLT u. VOIGT. 1952; HECKER. 1954: METZSCH. 1953: RAUEN u. STAMM. 1949). Vergleiche auch den Abschnitt ..Extraktion‘‘, S. 9 f.f.

Auf Steroidhormone wurde die Gegenstromverteilung von ARCHIBALD u. STROH (1948), ENGEL (1950a). ENGEL u. Mitarb. (1950b). bei den Oestrogenen angewandt. Als System benutzte man Methanol/Wasser 1:1 als obere und Tetrachlorkohlenstoff als untere Phase bei 24 und mehr Verteilungen. Zur Analyse wurden entweder beide Phasen durch Zugabe von Äthanol homogenisiert und ein aliquoter Teil aus jedem der 24 Röhrchen zur Trockne verdampft und fluorometrisch analysiert. oder es wurde nur eine Phase analysiert und der gesamte Oestrogengehalt unter Berücksichtigung des Verteilungskoeffizienten berechnet. Die Methode wird als einfach und geeignet zur Trennung und physikalischen Charakterisierung der drei Oestrogene bezeichnet.

III. Besondere Vorschriften zur Aufarbeitung von Harnproben.

1. Aufarbeitung von Harnproben für Corticoidbestimmungen.

a) Nach STAUDINGER u. SCHMEISSER (1950). 200 cm³ frischer Harn werden mit Essigsäure auf p_H 4 angesäuert, dann sofort fünfmal mit je 50 cm³ Chloroform [oder nach ADEZATI (1952) Chloroform/Äthergemisch 1 + 3] ausgeschüttelt. Emulsionen werden abzentrifugiert, das Lösungsmittel im schwachen Vakuum

unter 50° C abdestilliert. Der Rückstand wird in 40 cm³ Petroläther aufgenommen und nacheinander viermal mit je 10 cm³ eines
Gemisches aus 70 Teilen Äthylalkohol und 30 Teilen 1 n-Salzsäure
ausgeschüttelt; die alkoholische Lösung wird mit weiteren 20 cm³
1 n-Salzsäure versetzt und nochmals mit 20 cm³ Petroläther ausgeschüttelt. Die den Petroläther enthaltende obere Schicht wird
verworfen. Die alkoholische Phase wird viermal mit je 10 cm³
Chloroform ausgeschüttelt, dann die alkoholische Phase verworfen.
Die vereinigten Chloroformlösungen werden nun mit je 10 cm³
n/2 Natronlauge, n/10 Natronlauge und n/10 Schwefelsäure gewaschen, dann durch Permutit filtriert, der mit Chloroform nachgewaschen wird. In der Chloroformlösung befinden sich die
Corticoide. Colorimetrische Bestimmung s. Abschnitt C II 4a, S. 80.

b) Nach Hioco u. Samter (1950). Bei den Formaldehyd-
bestimmungsmethoden kann auf die Reinigung über Chloroform/
Petroläther/Salzsäure-Alkohol/Chloroform verzichtet werden. Der
Harn wird zweimal im Scheidetrichter mit Chloroform aus-
geschüttelt; Emulsionen werden durch Zentrifugieren zerstört.
Der Chloroformextrakt wird dann zweimal mit je 20 cm³ 0.1
n-Natronlauge und zweimal mit destilliertem Wasser gewaschen,
und mit 1—2 g wasserfreiem Natriumsulfat getrocknet. Nach
Filtration durch Glaswolle wird in schwachem Vakuum zur
Trockne gebracht. Nach einer Benzol/Wassertrennung (s. unten)
wird die Oxydation (s. Abschnitt C II 4b, S. 80) angeschlossen
(Hioco u. Samter, 1950).

c) Verteilung von Corticoiden zwischen Benzol und Wasser.
Wenn man annimmt, daß die Steroide in organischen Lösungsmitteln löslich, in Wasser aber unlöslich seien, so stimmt das nicht
genau, sie sind in Wasser nur weniger löslich. Diese relative
Wasserlöslichkeit wird auch um so größer, je mehr Hydroxylgruppen im Molekül vorhanden sind; sie ist dadurch bei den sog.
Glucocorticoiden am größten. Nach 10 Verteilungen zwischen
Benzol und Wasser befinden sich 11-Dehydro-17-Hydroxy-
corticosteron (Cpd. E) und 17-Hydroxy-corticosteron (Cpd. F) zu
100% im Wasser, Corticosteron zu 38%, 11-Dehydro-corticosteron
(Cpd. A) zu 24%, also alles sog. Glucocorticoide. Das gilt natürlich
nicht nur für biologisch aktive Verbindungen, sondern auch
Δ^4-Pregnen-17,20,21-triol-3-on, ein inaktives Steroid, geht z. T.
ins Wasser. Bei manchen Methoden zur Corticoidbestimmung
macht man davon insofern Gebrauch, als der Extrakt zur Reinigung
zwischendurch mit Benzol aufgenommen und dann mehrfach mit
Wasser ausgeschüttelt wird; weiter verarbeitet wird dann im
allgemeinen nur der wäßrige Auszug, der die Hauptmasse der

Corticoide enthält (DAUGHADAY u. Mitarb., 1948; TALBOT u. Mitarb., 1945). Bei Betrachtung der Verteilungskoeffizienten ist klar, daß dabei nicht unbeträchtliche Verluste auftreten.

Man kann nun aber den benzollöslichen Anteil auch für sich weiterverarbeiten (LLOYD u. LOBOTSKY, 1950, 1951; WEISSBECKER u. STAUDINGER, 1951; WEISSBECKER u. RUPPEL, 1952), und so die Corticoide in relativ benzol- und relativ wasserlösliche Corticoide trennen. WEISSBECKER (1953a, b) gibt aber neuerdings an, daß diese Trennung klinisch keine wesentliche Bedeutung besitze.

Methodik: Der Chloroformextrakt mit den Corticoiden wird zur Trockne gebracht. mit 1 cm³ Benzol aufgenommen und in einen kleinen Scheidetrichter überführt, es wird dann zweimal mit 0,5 cm³ Benzol nachgewaschen. Die Benzollösung wird dreimal mit 5 bzw. 3 bzw. 2 cm³ Wasser ausgeschüttelt. Emulsionen werden abzentrifugiert. Die wäßrigen Extrakte werden vereinigt und auf 10 cm³ aufgefüllt, die Benzolphase wird verdampft. In beiden Fraktionen kann dann eine der Corticoidbestimmungsmethoden durchgeführt werden. Vergleiche auch TOMPSETT u. OASTLER (1947); ENGEL (1950b).

COURCY u. GRAY (1953) untersuchten den Verbleib der Corticoide in den einzelnen Reinigungsstufen. Sie fanden. daß formaldehydbildendes Material etwa gleichmäßig auf die neutrale und die natronalkalische Fraktion, bzw. auf die benzollösliche und die benzolunlösliche Fraktion verteilt ist. Die Anwesenheit von α-ungesättigten 3-Ketosteroiden wurde papierchromatographisch ebenfalls in all diesen Fraktionen festgestellt. jedoch fanden sich Stoffe, die zugleich sowohl die reduzierende als auch die Δ^4-3-Ketogruppe besaßen. nur in der GIRARD-Fraktion.

ROMANOFF u. WOLF (1954) empfehlen für eine ins einzelne gehende Fraktionierung der Corticosteroide nach vorhergehender Hydrolyse mit β-Glucuronidase eine Vorfraktionierung über eine Silicagelsäule und anschließende Papierchromatographie.

2. Aufarbeitung von Harnproben für Pregnandiolbestimmungen.

Man kann entweder den gesamten Pregnandiol-Glucuronsäure-Komplex mit Butanol extrahieren und dann weiter verarbeiten. oder aber die Ester verseifen und das freie Pregnandiol in üblicher Weise extrahieren.

a) Extraktion des Pregnandiol-Glucuronsäure-Komplexes mit Butanol nach U. WESTPHAL (1944). Der gesamte 24 Std.-Harn wird mit je einem Viertel Butanol viermal ausgeschüttelt, der Butanolextrakt dann in schwachem Vakuum zur Trockne gebracht und der Rückstand in 20 cm³ 0,1 n-Natronlauge gelöst. Man extrahiert diese alkalische Lösung viermal mit je 5 cm³ Butanol, wäscht zweimal mit je 2 cm³ Wasser, dampft zur Trockne, löst den Rückstand in einem Gemisch von 3 cm³ Wasser und 6 cm³ Aceton und fällt mit 70 cm³ Aceton. Den abzentrifugierten Niederschlag löst man in einem Gemisch von 2 cm³ Wasser und 3 cm³ Aceton und fällt wiederum mit 67 cm³ Aceton. Der Niederschlag kann in Alkohol gelöst werden, er enthält das rohe Pregnandiol-Glucuronid.

b) Extraktion des freien Pregnandiols nach Verseifung nach DIBBELT (1952) u. a. Das Vorgehen ist ähnlich dem bei 17-Keto-steroiden, nur wird statt Äther durchweg Toluol und gleichzeitige Hydrolyse und Extraktion empfohlen. 100—1000 cm³ Harn werden mit dem 10. Teil konzentrierter Salzsäure und 50 bzw. mehr cm³ Toluol versetzt und 15 min unter Rückfluß auf 100° C erhitzt; eventuell wird der Extraktionsvorgang mit frischem Toluol wiederholt. Die vereinigten Toluolextrakte werden mit Natronlauge (es werden von verschiedenen Autoren Natronlauge-Konzentrationen von 0,4—20% angegeben) und Wasser gewaschen. Dann wird die Toluollösung erhitzt, bis alles Wasser entfernt ist und das Thermometer konstant 109° C anzeigt. Anschließend werden 10 cm³ frische 2%ige methylalkoholische Natronlauge zugefügt und auf 15—25 cm³ eingedampft.

Der Extrakt wird durch eine Glasnutsche filtriert und dann im schwachen Vakuum zur Trockne gebracht. Der Rückstand enthält unter anderem Pregnandiol und andere alkoholische Steroide (DIBBELT u. Mitarb., 1952; vgl. auch EHRLICH-GOMOLKA u. CEKON. 1951a, b; HENDERSON u. Mitarb., 1949; SEMMONS u. HENRY, 1949: TOMPSETT, 1950).

c) Verteilung von Pregnandiol zwischen wäßrigem Methanol und Petroläther. Eine Reinigung des Pregnandiolkomplexes ist nach BUTENANDT (1930) und DIBBELT, HINSBERG u. ESSER (1952) durch Verteilung zwischen Methylalkohol, Petroläther und Wasser möglich, wobei der Hauptteil der Verunreinigungen im Petroläther verbleibt, während Pregnandiol im wäßrigen Methanol angereichert wird. Der rohe, Pregnandiol enthaltende Trockenrückstand wird dazu in 3 cm³ Methanol unter Erwärmen gelöst, in einen Scheidetrichter gegeben, zweimal mit je 1 cm³ Methanol nachgespült, mit 10 cm³ Petroläther vermischt und dann zur Entmischung mit 2,5 cm³ Wasser 2 min geschüttelt. Die unten befindliche wäßrige Methanolschicht wird in einen zweiten Scheidetrichter abgelassen: die Petrolätherschicht wird verworfen, aber der erste Scheidetrichter ein zweites Mal mit Petroläther ausgespült und dieses Lösungsmittel vom ersten in den zweiten Scheidetrichter abgelassen. Die Methanol-Wasser-Phase wird dann nochmals mit Petroläther ausgeschüttelt. der Petroläther wiederum verworfen. Beide Scheidetrichter werden mitsamt ihren Stopfen dreimal mit je 2 cm³ Methanol nachgespült und die vereinigten Methanolextrakte auf dem Wasserbad zur Trockne gebracht. (Quantitative Bestimmung Abschnitt C II 3, S. 76 ff.).

3. Mikromethoden für 17-Ketosteroid-Bestimmungen.

Bei den verschiedenen Verfahren zur Bestimmung von Steroiden kann man Makro-. Mikro- und Halbmikromethoden unterscheiden. Als Makromethoden werden hier diejenigen Verfahren bezeichnet. bei denen mindestens 500 cm³. oder eine oder mehrere Tagesharnmengen verarbeitet werden (DINGEMANSE. 1946. 1951. 1952: HERRNRING. 1951; LIEBERMAN u. Mitarb., 1948: TOMPSETT. 1949): es handelt sich dabei aber weniger um klinische Routinediagnostik als um besondere Untersuchungen. Für klinische Reihenversuche kommen Halbmikromethoden. von 50—100 cm³ Harn ausgehend. in Frage. oder Mikromethoden. bei denen nur 2—10 cm³ Harn extrahiert werden.

Von dem Begriff der „Mikromethode" ist der Begriff der „Schnellmethode" zu trennen. Eine Beschleunigung des Analysenganges wird durch Extraktion der Hormone im Scheidetrichter erreicht, wozu man nur Minuten braucht. während die Extraktion durch dreimaliges. je zweistündiges Kochen unter dem Rückflußkühler oder in kontinuierlich arbeitenden Extraktionsapparaten, wie es vor allem in der Anfangszeit der Steroidanalytik entsprechend dem vom präparativen Arbeiten her gewohnten Vorgang üblich war, mehrere Stunden dauert. Von besonderen Fällen abgesehen, hat sich heute das Ausschütteln im Scheidetrichter allgemein durchgesetzt, so daß in diesem Sinne auch die Halbmikromethoden „Schnellmethoden" sind.

Daß man mit sehr kleinen Harnmengen arbeiten kann, wurde zuerst von ZIMMERMANN (1944g) nachgewiesen: Im Rahmen von Untersuchungen über die Bestimmung der 17-Ketosteroide im Blut wurde gezeigt, daß man mit 5 cm³ Körperflüssigkeit praktisch die gleichen Werte wie mit 50 cm³ erhalten kann.

Solche Mikromethoden wurden von DREKTER, PEARSON. BARTCZAK u. McGAVACK (1947), DREKTER, HEISLER. SCISM. STERN, PEARSON u. McGAVACK (1952), HAMBURGER u. RASCH (1948), VESTERGAARD (1951), BIRKET-SMITH (1953), SULMAN (1954) und ZIMMERMANN u. PONTIUS (1954) beschrieben. Tab. 12 gibt eine Übersicht über diese verschiedenen Arbeitsvorschriften.

Nach VESTERGAARD werden Hydrolyse, Extraktion und Fraktionierung der Harnproben im gleichen Glase, einem Reagenzglas von 12 cm³ Inhalt mit eingeschliffenem Stopfen, vorgenommen. Es können dabei 20 und mehr Proben gleichzeitig behandelt werden. Harn und Waschwässer werden mittels Glasspritzen mit angesetzter

Tabelle 13. *Übersicht über die verschiedenen Mikromethoden zur Aufarbeitung von Harnproben für die Bestimmung von neutralen 17-Ketosteroiden.*

Autoren	extrahierte Harnmenge	Hydrolyse	Extraktion	Reinigung	Farbansatz Modifikation
BIRKET-SMITH (1953)	10 cm³	1 cm³ H_2SO_4 40%, 25 min 100° C	nach Alkalisierung mit 25 cm³ Äther	Filtrierung durch NaOH-Pulver	CALLOW
DREKTER u. Mitarb. (1947)	10 cm³	3 cm³ k. HCl 10 min 80° C	Äther	10% NaOH	HOLTORFF u. KOCH
DREKTER u. Mitarb. (1952)	10 cm³	3 cm³ k. HCl 10 min 100° C	Äthylendichlorid 10 cm³ 15 min	Schütteln mit NaOH-Rotulis 15 min	PEARSON u. GIACCONE
HAMBURGER (1948)	10—30 cm³ (= $^1/_{50}$ der Tagesmenge)	$^1/_{10}$ Vol. 40% H_2SO_4, 25 min 100° C	Äther 40 cm³ (oder Benzol b. gleichz. Hydr. u. Extr.)	1 × Sodalösung, 2 × 2 n-NaOH 2 × Wasser je 10 cm³	CALLOW
SULMAN (1954)	1 cm³	0,3 cm³ k. HCl 10 min 80—90° C	Äther 4 cm³ 45 sec Schütteln	10% NaOH und Wasser je einmal je 2 cm³	HOLTORFF u. KOCH
VESTERGAARD (1951)	2 cm³	0,3 cm³ k. HCl 17 min, 100° C	Äther 4 cm³ 1 min Schütteln	1 mal Wasser; mit NaOH-Rotulis schütteln, abfiltrieren	CALLOW
ZIMMERMANN u. PONTIUS (1954)	10 cm³	1 cm³ k. HCl + 1 cm³ 10% $CuSO_4$-Lösung, 20 min, 100° C	nach Alkalisierung Äther, 20 cm³ 5 min Drehen	1 mal 10% NaOH, 2 mal Wasser je 20 cm³	ZIMMERMANN, mit Farbstoffextraktion

Glascapillare entfernt; 50 Gläser können gleichzeitig in einem Wasserbad bei 50° C verdampft werden. Bei der anschließenden Farbreaktion übernahm VESTERGAARD die von CALLOW angegebene Modifikation unter Anwendung kleinerer Mengen.

Bei einer Mikromethode von ZIMMERMANN u. PONTIUS wird von 10 cm³ Harn ausgegangen. Die Schliffgläser fassen bei 30 mm Durchmesser und 180 mm Höhe 125 cm³. In jedes Glas werden 10 cm³ Harn einpipettiert und mit je 1 cm³ konzentrierter Salzsäure und 1 cm³ 10 %iger Kupfersulfatlösung zur Herabminderung der Eigenfärbung der Extrakte versetzt. Die Gläser einer Serie

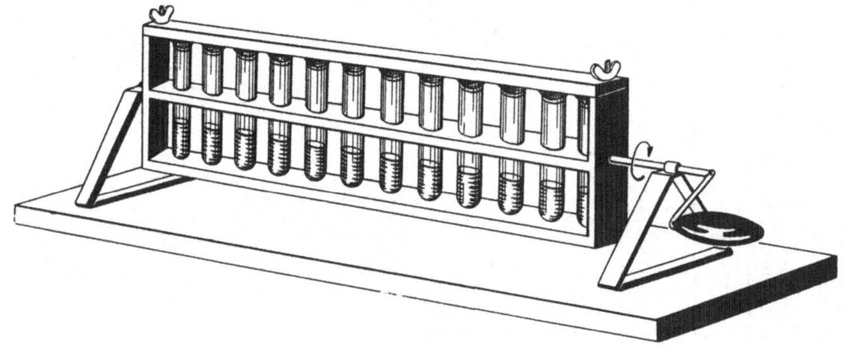

Abb. 6. Apparat zum Mischen zweier Phasen bei Extraktion und Fraktionierung von Harnproben bei der Mikromethode von ZIMMERMANN u. PONTIUS. Nach ZIMMERMANN u. PONTIUS: Z. physiol. Chem. 297, 157 (1954).

werden gleichzeitig 20 min lang in einem Glycerinbad zum Sieden erhitzt, die entstehenden Wasserdämpfe werden durch eingehängte, wasserdurchflossene, kleine Glasschlangen kondensiert und fließen in das Glas zurück. Sollen die Röhrchen nach Abschluß der Hydrolyse gleich weiterverarbeitet werden, so müssen sie vor Beschickung mit Äther abgekühlt werden, andernfalls kann man sie bei Zimmertemperatur auskühlen lassen. Durch Alkalisieren des Harnes vor der Ätherextraktion können die Emulsionen noch weiter unterdrückt werden. In jedes Röhrchen wird dann 20 cm³ Äther gebracht, um die Hormone zu extrahieren; die Gläser werden mit ihren Schliffstopfen verschlossen. Da es durch heftiges Schütteln zu Schaumbildungen kommt, werden die Röhrchen in einem Apparat (s. Abb. 6) ähnlich wie bei der Gegenstromverteilung 5 min lang in einem Gestell langsam um ihre Querachse gedreht: Emulsionen können so vermieden werden.

Die eingeschliffenen Glasstopfen werden durch ein Brettchen mit Schwammgummiauflage auf die Reagenzgläser gepreßt, um

Lösungsmittelverluste zu vermeiden. Je 10 oder mehr Gläser. entsprechend 5 oder mehr Parallelversuchen. können so gleichzeitig behandelt werden.

Nach der einmaligen Extraktion mit der doppelten Äthermenge werden die Glasstopfen mit Äther abgespült. der Harn wird mittels Capillare und Wasserstrahlpumpe mit zwischengeschalteter Sicherheitsflasche abgesaugt und durch 20 cm³ 10%ige Natronlauge ersetzt. Die Capillare wird ebenfalls mit Äther abgespült. Dann werden wäßrige und ätherische Phase in der gleichen Apparatur wie vorher durch Drehen vermischt. danach wird die wäßrige Lauge wie vorher mit Capillaren abgesaugt. Die Prozedur wird mit destilliertem Wasser noch zweimal wiederholt. Der ätherische Harnextrakt bleibt dabei in dem ursprünglichen Röhrchen. man benötigt keine Schütteltrichter und keine sonstigen Extraktionsapparate. Nach dem Trocknen über Natriumsulfat wird der Äther aus mehreren Röhrchen gleichzeitig mittels einer besonderen Apparatur abdestilliert. Die Farbreaktion kann dann wie üblich oder mit halber Reagenzmenge angesetzt werden. (Abschnitt C II 2 c, S. 63 ff.).

4. Aufarbeitung von Harnproben zur gleichzeitigen Bestimmung von phenolischen, neutralen 17-Keto- und alkoholischen Steroiden.

100 cm³ einer 24 Std.-Harnmenge werden mit $^1/_{10}$ Volumen konzentrierter Salzsäure versetzt und 20 min unter Rückfluß auf 100° C erhitzt. Der hydrolysierte Harn wird mehrmals mit einem Gemisch von Toluol und Äthyläther 1:9 extrahiert: Emulsionen werden abzentrifugiert. Der Äther wird abdestilliert, der zurückbleibende Toluolextrakt viermal mit wäßriger 1 n-Natronlauge gewaschen. Aus diesen alkalischen Waschwässern können die *oestrogenen phenolischen Steroide* wieder gewonnen und bestimmt werden.

Die Toluolphase wird zur Entfärbung von roten Harnpigmenten mit 2 g Natriumhydrosulfit behandelt, anschließend mit destilliertem Wasser bis zur neutralen Reaktion gewaschen. Nach Abdampfen des Toluols unter vermindertem Druck wird der Rückstand in 0,6 cm³ absolutem Methylalkohol aufgenommen und mit Benzol auf 30 cm³ verdünnt. Diese Lösung wird an eine 22—23 cm hohe Säule von 17 g standardisiertem Aluminiumoxyd adsorbiert. Eluiert wird zuerst mit 200 cm³ Benzol. Das Eluat enthält *17-Ketosteroide* und andere Monohydroxysteroide (Androsteron, Dehydroisoandrosteron, Pregnanolon, Cholesterin).

Danach werden mit 150 cm³ 2%igem Methylalkohol in Benzol quantitativ *zweiwertige alkoholische Steroide* (Pregnandiol, Androstandiol, Androstendiol) herausgelöst.

Durch eine dritte Elution mit 10 %igem Methylalkohol in Benzol können *dreiwertige alkoholische Steroide* (Androstantriol, Androstentriol) eluiert werden (STIMMEL, RANDOLPH u. CONN, 1952).

Tabelle 14. *Schema einer Totalanalyse von Steroiden nach* LIEBERMAN.

Urin

Hydrolyse

Äther extraktion

stark saure Fraktion ← Na_2CO_3 NaOH → schwach saure *phenolische Fraktion*
verworfen

neutrale Fraktion

Trennung mit GIRARDS Reagens-T

Oestron
Oestradiol
Oestriol

ketonische Fraktion   nicht- ketonische Fraktion

Fällung mit Digitonin   Ver esterung mit Phthalsäureanhydrid

| α-Fraktion der *Ketosteroide* Androsteron u. a. | β-Fraktion der *Ketosteroide* Dehydroisoandrosteron u. a. | alkoholische Fraktion | *Steroide ohne Alkohol- und Ketogruppen* |

Fällung mit Digitonin

α-*Hydroxy-*   β-*Hydroxy-*
Steroidalkohole

IV. Aufarbeitung von Blut für Steroidbestimmungen.

1. Corticoide im Blut nach NELSON u. SAMUELS (1952).

10—30 cm³ Blut werden durch Heparin ungerinnbar gemacht und sofort zentrifugiert. Das **Plasma** wird viermal mit einem Äther-Chloroformgemisch 4:1 extrahiert. Der Extrakt wird zur Trockne gebracht, in 20 cm³ 70%igem Äthanol aufgenommen und dreimal mit 15 cm³ Hexan gewaschen. Darauf wird der alkoholische Auszug im Vakuum eingedampft und der Rückstand in 5 cm³ Chloroform aufgenommen. Das für die Extraktion benutzte Chloroform muß frisch destilliert und darf nicht älter als vier Stunden sein; die Destillation darf nicht im Sonnenlicht erfolgen, da Phosgen entsteht, das Corticoide zerstört. Bei der Destillation soll die Temperatur 45° C nicht übersteigen. Das frisch destillierte Chloroform muß bis zum Gebrauch in einer braunen Flasche aufbewahrt werden.

Der Chloroformextrakt wird dann an 1,5 g eines Gemisches von Magnesiumsilicat und Celit oder an Florosil (Kieselsäurepräparat) in einer chromatographischen Säule adsorbiert. Dieses Adsorptionsmittel muß vorher sorgfältig vorbereitet, mit Alkohol gewaschen, getrocknet und erhitzt werden (s. EIK-NES, NELSON u. SAMUELS, 1953). Auch die Glaswolle in der Säule kann eine Fehlerquelle werden und muß gereinigt sein. Mit 15 % Äthanol in Chloroform werden dann die Corticoide eluiert. Eine weitergehende Reinigung der Corticoide kann durch anschließende Dialyse der Extrakte erzielt werden (LEVY u. KUSHINSKY, 1954; ZAFFARONI u. BURTON, 1951 u. a.) Es werden 0,03—0,26, im Mittel etwa 0,13 mg/l Corticoide sowohl bei Männern als auch bei Frauen gefunden. BONGIO-VANNI (1954) macht aber darauf aufmerksam, daß nach NELSON u. SAMUELS nur freie Corticoide im Blut bestimmt werden, daß daneben aber auch noch gebundene vorhanden sind, die man durch fermentative Hydrolyse mit β-Glucuronidase erfassen kann. Zur Bestimmung von Nebennierenrinden-Hormonen im Blut s. a. VOGT (1944, 1945), KASSENAAR und Mitarb. (1954), KLEIN (1954).

Die colorimetrische Bestimmung erfolgt am besten nach PORTER u. SILBER (Abschnitt C II 4 c, S. 84 ff.).

Die Methode von CORCORAN u. PAGE (1948) soll sich nach NELSON u. Mitarb. (1951) nicht zur Bestimmung der Corticoide im Blut eignen, da Formaldehyd auch aus Phospholipoiden gebildet werden soll. Da die Formaldehydabspaltungsmethode auch auf Blutzucker angewendet werden kann, muß man auch mit Glucose als Fehlerquelle rechnen, so daß sich zu hohe Werte ergeben.

2. Vorschrift für 17-Ketosteroide im Blut.

a) Von ZIMMERMANN (1944). 10 cm³ Serum werden mit 5 cm³ Natriumwolframat und 5 cm³ $^2/_3$ n-Schwefelsäure versetzt, gemischt, der Eiweißniederschlag wird abfiltriert oder abzentrifugiert. 10 cm³ Filtrat, die 5 cm³ Serum entsprechen, werden mit 1 cm³ konzentrierter Salzsäure 20 min unter Rückfluß auf 100° C erhitzt. Es wird vom Niederschlag abfiltriert und das Filtrat samt der Waschwässer in üblicher Weise wie Harn extrahiert. Der ätherische Extrakt wird einmal mit Sodalösung, zweimal mit 10% Natronlauge und dreimal mit Aqua dest. gewaschen, der Äther wird abdestilliert. und der Rückstand in Alkohol aufgenommen. Die Farbreaktion kann dann anschließend in üblicher Weise vorgenommen werden. wobei die Methode der Ausätherung der Farbstoffe den Vorzug vor der direkten Messung verdient (C II 2 c. S. 63 f. f.).

Bei Vollblut werden 25 cm³ Blut mit 25 cm³ destilliertem Wasser hämolysiert und mit 10 cm³ 25 % Sulfosalicylsäure enteiweißt. 24 cm³ Zentrifugat entsprechen 10 cm³ Vollblut: sie reichen für zwei Parallelbestimmungen aus. Die klare Flüssigkeit wird ohne weiteren Säurezusatz 20 min unter Rückfluß erhitzt. dann wird abfiltriert und das Filtrat wie vorher extrahiert und weiter behandelt (ZIMMERMANN 1944 g,). Vgl. PUCK u. Mitarb. (1953). Die Normalwerte betragen 15—18 mg/l.

Aceton. das zu etwa 1—3 mg-% im Blut vorkommt, könnte die Bestimmung stören, wenn es auch eine atypische Farbreaktion gibt. Da es aber wasserlöslich ist, geht es nur zum Teil in den Ätherextrakt und wird daraus anschließend wieder größtenteils ausgewaschen. Im Modellversuch hat sich der durch Aceton möglicherweise hereinkommende Fehler als zu vernachlässigend erwiesen. Ketosäuren des Zwischenstoffwechsels werden bei der Fraktionierung vom Sodaauszug aufgenommen. Die gefundenen Werte sind aber wahrscheinlich trotzdem zu hoch und durch 3-Ketosteroide vorgetäuscht: denn nach Ätherextraktion der Farbstoffe wurden sehr viel weniger 17-Ketosteroide gefunden (ZIMMERMANN, 1944 g).

b) Vorschrift für 17-Ketosteroide von WEST u. Mitarb. (1951).
20 cm³ Oxalblut werden mit 20 cm³ destilliertem Wasser hämolysiert und mit Äther extrahiert. Die ätherischen Extrakte werden durch Chromatographie über eine Aluminiumoxydsäule und Verteilung zwischen Hexan und 70 % Äthanol gereinigt. Man erhält so etwa vorhandene freie Steroide.

Nach Abtrennung des Äthers wird das hämolysierte Blut mit 160 cm³ 95 % Äthanol gefällt, die Eiweißniederschläge werden abzentrifugiert und mehrfach mit Alkohol ausgewaschen. Die vereinigten alkoholischen Auszüge werden im Vakuum eingedampft. bis der Alkohol entfernt ist; die zurückbleibende wäßrige, enteiweißte Lösung wird dann mit destilliertem Wasser auf 100 cm³ aufgefüllt und mit 10 cm³ konzentrierter Salzsäure versetzt. Unter Rückfluß wird 15 min erhitzt, nach der Hydrolyse wird mit Äther extrahiert. Die ätherischen Extrakte werden mit 2,5 n-(= 10 %) Natronlauge, 8 n-(= 48,4 %) Schwefelsäure und Wasser gewaschen und zur Trockne gebracht. Der Extrakt wird dann noch weiter durch Chromatographie und Verteilung zwischen Hexan und 70% Äthylalkohol gereinigt. (WEST, TYLER, BROWN u. SAMUELS, 1951.)

Normal sind bei dieser Methode keine 17-Ketosteroide nachweisbar, erst nach größeren Gaben von Testosteron-Albuminat.

c) Vorschrift für 17-Ketosteroide von GARDNER (1953). 6 bis 10 cm³ Plasma werden mit 50 cm³ 10% Salzsäure 12 min lang bei 100° C hydrolysiert, dann nach dem Abkühlen mehrfach mit insgesamt etwa 175 cm³ Äther extrahiert. Der Extrakt wird dreimal mit je 25 cm³ 10% Natronlauge und dreimal mit je 50 cm³ Wasser gewaschen und zur Trockne gebracht. Zur Entfernung von Fetten erfolgt eine Verteilung zwischen Hexan und 70% Äthanol, dann zwischen 50% Äthanol und Chloroform. Der Chloroformextrakt wird auf 12 cm³ konzentriert und an eine Kieselsäure-(Florosil-)Säule adsorbiert, die mit 30 cm³ Chloroform eluiert wird. Bei Anwendung einer Mikro-ZIMMERMANN-Reaktion werden normalerweise bei Männern 0,4—1,3 mg/l, bei Frauen 0,25—1,0 mg/l gefunden.

d) Vorschrift für 17-Ketosteroide von MIGEON u. PLAGER (1954). 100 cm³ Plasma werden mit 7 cm³ konzentrierter Schwefelsäure 30 min lang in einem siedenden Wasserbad hydrolysiert. Als gleichwertig erwies sich das Verfahren, wenn vorher durch Zugabe von 500 cm³ Äthanol zu 100 cm³ Plasma enteiweißt wird; der Eiweißniederschlag wird zweimal mit 200 cm³ Äthanol gewaschen, der gesamte Alkoholextrakt zur Trockne gebracht und nach Aufnahme in 800 cm³ Wasser mit 80 cm³ konzentrierter Salzsäure 15 min unter Rückfluß hydrolysiert. Es muß auf jeden Fall hydrolysiert werden; Hydrolyse mit β-Glucuronidase erwies sich aber nicht als ausreichend.

Der Ätherextrakt wird dann, eventuell nach Konzentration, dreimal mit je 40 cm³ Natriumbicarbonat und zweimal mit je 50 cm³ Wasser gewaschen. Die Probe wird zur Trockne gebracht, in 5 cm³ Chloroform aufgenommen, und an eine mit Chloroform durchnetzte Kieselsäure-(„Florosil"-)Säule adsorbiert. Die Elution erfolgt zuerst mit 15 cm³ Chloroform zur Entfernung von Fetten, dann mit 35 cm³ 2%igem Methanol in Chloroform zur Extraktion der 17-Ketosteroide, eine dritte Elution mit 45 cm³ 25%igem Methanol in Chloroform enthält säurestabile Corticosteroide und erfolgt hier zur Kontrolle, daß alle 17-Ketosteroide herausgelöst waren. Das die 17-Ketosteroide enthaltende zweite Eluat wird zur Trockne gebracht und der Rückstand in Toluol oder Chloroform aufgenommen; dann werden durch dreimaliges Waschen mit je 30 cm³ n-Natronlauge die phenolischen Steroide herausgewaschen. Diese Fraktionierung der phenolischen Steroide erfolgt absichtlich erst nach der Chromatographie, da es dann mit Natronlauge nicht zur Emulsionsbildung kommt. Der neutrale Extrakt wird noch zweimal mit je 20 cm³ Wasser gewaschen, zur Trockne gedampft

und dann papierchromatographisch weiter fraktioniert und als
Dehydroisoandrosteron bzw. Androsteron identifiziert. Bei Wieder-
auffindungsversuchen wurden Androsteron und Dehydroiso-
androsteron zu rund 80% wiedergefunden. Bei Anwendung auf
Blut wurden bisher Werte von 0,4—0,45 mg/l Dehydroisoandro-
steron und 0,08—0,15 mg/l Androsteron im Plasma erhalten.
Weitere Vorschriften zur Bestimmung von 17-Ketosteroiden im
Blut stammen von DE PERGOLA (1951). von DUMAZERT u.
VALENSI (1952) und von CLAYTON (1954).

3. Bestimmung von Testosteron im Blut.

WEST u. Mitarb. (1951) extrahieren Blut wie oben (Abschnitt
IV 2b S. 48) für 17-Ketosteroide und bestimmen die Menge an α,β-
ungesättigten Steroiden durch Ultraviolettspektrophotometrie ver-
mittels der Bande bei 240 mμ.

4. Vorschrift für die Bestimmung von Progesteron im Blut.

20 cm³ Plasma werden mit 100 cm³ Äthanol-Äthyläther 3:1
enteiweißt und gleichzeitig extrahiert, am besten durch langsames
Eintropfen unter Rühren unmittelbar nach der Blutentnahme.
Der Niederschlag wird abzentrifugiert und mit dem gleichen
Lösungsmittelgemisch ausgewaschen. Die vereinigten Extrakte
werden im Vakuum auf 20 cm³ eingeengt, mit 40 cm³ Wasser verdünnt und mehrmals mit Äthylacetat extrahiert. Die Extrakte
werden im Vakuum bei 50° eingedampft, unter Erwärmen in 70%
wäßrigem Methanol aufgelöst (Endvolumen 10 cm³). und 18 Std.
bei —15° C stehen gelassen. Der Niederschlag wird abzentrifugiert
und verworfen. Die mit 20 cm³ Wasser verdünnte Lösung wird
mit Petroläther extrahiert, der Extrakt mit Wasser gewaschen.
im Vakuum verdampft, in einem cm³ Äthanol aufgenommen und
wieder zur Trockne gebracht: schließlich wird der Rückstand in
0.1 cm³ 70%igem Methanol aufgenommen und durch Verteilungs-
chromatographie gereinigt. Die Messung der einzelnen Fraktionen
erfolgt dann nach Überführung in GIRARD-Hydrazone auf polaro-
graphischem Wege (BUTT, MORRIS, MORRIS u. WILLIAMS, 1951).

Von dieser Vorschrift ausgehend, entwickelten ZANDER u.
SIMMEL (1954) eine Modifikation, bei der die Äthanol-Äther-
extrakte nicht nur auf 20 cm³, sondern auf 3—5 cm³ eingeengt
werden. und wobei bei kleinen Blutmengen bis 10 cm³ das Arbeiten
mit der Kältezentrifuge durch Extraktion mit Benzol statt mit
Äthylacetat vermieden werden kann, da die störenden Lipide in
Benzol schwer löslich sind. Auf die Waschung der Petrolätherextrakte mit Wasser wird verzichtet. um Verluste zu vermeiden.

statt dessen werden die Äthylacetat-Extrakte über Natriumsulfat getrocknet. Die Petrolätherextrakte werden dann im Mikrospitzkölbchen bis auf 0,2 cm³ eingeengt und für die Papierchromatographie direkt auf das Papier übertragen. Die Entwicklung erfolgt mit 80% Methanol und Leichtpetroleum; durch UV-Kontaktphotographie wird Progesteron lokalisiert, eluiert. durch quantitative Messung des UV-Spektrums bei 220—270 μ bestimmt und durch Infrarotspektralmessung oder durch Farbreaktionen identifiziert. Bei Zusatzversuchen wurden so mehr als 80% wiederaufgefunden.

DICZFALUSY (1952) isoliert Progesteron durch Gegenstromverteilung und mißt es quantitativ durch UV-Spektrophotometrie.

C. Methodik der Bestimmung von Steroidhormonen.

I. Qualitative Farbreaktionen zum Nachweis von Steroidhormonen.

1. Reagens: Schwefelsäure ohne Zusätze.

Konzentrierte Schwefelsäure gibt beim Erhitzen und eventuell nachträglichen Verdünnen mit vielen organischen Verbindungen Farbreaktionen, auch mit Sterinen (WIELAND, STRAUB u. DORFMÜLLER, 1929). In der Regel entsteht eine gelbe bis braunrote Farbe mit grüner Fluorescenz. Diese Reaktion wird sowohl colorimetrisch als auch fluorometrisch zur Bestimmung von Steroidhormonen ausgenutzt (vgl. GOLDZIEHER, 1954). Die Absorptionsspektren der Steroide in konzentrierter Schwefelsäure bei 200—600 mμ sind charakteristisch (ZAFFARONI, 1953. DIRSCHERL 1954).

a) Phenolische Steroide. Die Schwefelsäurereaktion der Oestrogene hat in der Veterinärmedizin praktische Bedeutung als Schwangerschaftsreaktion erlangt (CUBONI, 1934, 1936; siehe ZIMMERMANN, 1938). Der Oestrogengehalt muß aber mindestens 4—5 mg/l betragen. — Ausführung: Benzolextrakt aus Harn wird mit konzentrierter Schwefelsäure geschüttelt und 5 min in ein Wasserbad von 80° C gebracht. Man beobachtet die Intensität der Fluorescenz der Schwefelsäureschicht. Färbung ohne Fluorescenz ist einer negativen Reaktion gleichzusetzen. Als Schwangerschaftsreaktion bei Frauen ist die Methode nicht brauchbar. Die Messung der Intensität der Fluorescenz ist die Grundlage der fluorometrischen Bestimmungsmethoden für Oestrogene (vgl. Abschnitt C, II 1e, S. 61) siehe auch BREITNER 1954.

b) Alkoholische Steroide. Mit Pregnandiol u. a. alkoholischen Steroiden gibt konzentrierte Schwefelsäure eine orange Färbung

(Kober, 1931). Diese Reaktion ist später von Guterman (1944) zum Pregnandiolnachweis und als Schwangerschaftstest angegeben worden (vgl. Abschnitt C II 3 a. S. 76).

c) Neutrale Steroide. Mit Dehydroisoandrosteron, i-Androstanolon, Δ^5-Androsten-3, 17-diol, 3-Chloro-Androstenon, Desoxycorticosteron entsteht eine blaue Farbe, die bei Verdünnen mit Wasser oder Alkohol stärker hervortritt (Allen u. Mitarb., 1950: Dirscherl u. Zilliken, 1943, 1949; Dirscherl u. Traut, 1952; Dirscherl u. Breuer, 1954; Hansen u. a., 1943; Jensen 1950: Nielsen, 1948a, b; Patterson, 1947: Wolfson 1954). (vgl. Abschnitt C II 2 a, S. 63).

2. Reagens: Schwefelsäure mit Zusätzen.

Durch Zusätze können die Farbreaktionen der Schwefelsäure verstärkt und mannigfaltig modifiziert werden; einige dieser Reaktionen sind seit langem in der physiologischen Chemie bekannt und auch auf Steroide anwendbar.

a) Schwefelsäure und Eisessig: Liebermann-Burchardsche Reaktion (1885). Schwefelsäure gibt zusammen mit Essigsäureanhydrid bzw. Eisessig in Chloroform nicht nur mit Cholesterin die bekannte Grünfärbung, sondern ist für Δ^5-ungesättigte Sterine charakteristisch. Auch Oestron und Oestriol reagieren gelbrot mit grüner Fluorescenz. Die Fluorescenzbande bei 573,5 mμ soll für Oestron und Oestriol spezifisch sein (Marrian, 1930; Wieland u. Mitarb., 1929). Testosteron wird blau; Desoxycorticosteron und gesättigte Verbindungen wie Cholestanol und Koprostanol reagieren nicht (Rogers u. Jaffe, 1948).

b) Schwefelsäure und Chloroform: Salkowskische Reaktion (1908). Mit Oestron entsteht ebenso wie bei Cholesterin eine gelbe Färbung (Wieland u. Mitarb., 1929).

c) Schwefelsäure und Phenol: Kobersche Reaktion (1931). Kober gab 1931 die Phenol-Schwefelsäure als Reagens für Oestrogene an. Es entsteht eine blaßrote Farbe mit reinen Hormonen, eine bräunliche mit Harnextrakten. Später empfahl Kober (1938) Naphtholschwefelsäure, die ebenfalls eine rote Farbreaktion mit allen oestrogenen Hormonen gibt. Pontius (1953) zeigte, daß die Kobersche Reaktion eine allgemeine Säurereaktion ist und auch von anderen starken Säuren gegeben wird. Oestron ergibt bereits beim Erhitzen mit Salzsäure eine schwache Färbung; mit Borfluorwasserstoffsäure ist diese Färbung schon stärker, am intensivsten verhält sich Überchlorsäure. Vermutlich liegt folgendes Reaktionsschema zugrunde:

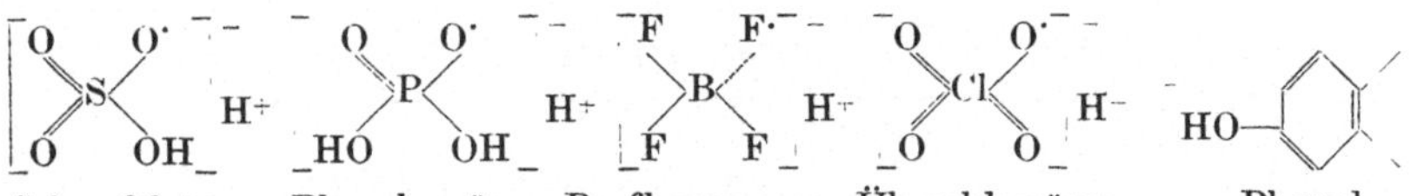

Schwefelsäure   Phosphorsäure   Borfluorwasser-   Überchlorsäure   Phenol
stoffsäure

$$\left[\begin{array}{cc} y & y \\ & X \\ y & y \end{array}\right] \; \cdots \; + \cdots \quad + \; H_2O$$

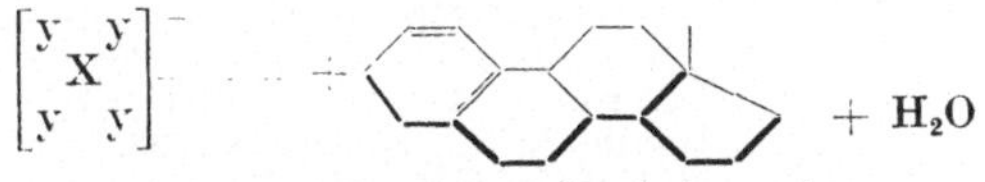

vermutetes allgemeines Reaktionsschema.

Zur Anwendung der Reaktion auf quantitative Bestimmungen vgl. Abschnitt C II 1, S. 60.

d) Schwefelsäure und Vanillin. Mit Oestron entsteht eine orangerote Farbe, die beim Verdünnen mit Wasser violett wird (HÄUSSLER, 1935).

e) Schwefelsäure und Sulfoguajakolsäure. Testosteron und Androstendion geben beim Erhitzen mit Schwefelsäure und sulfoguajakolsaurem Natrium (= „Thiokol") zusammen mit 1% Kupfersulfat eine grüne Farbe mit einem Absorptionsmaximum bei 639 mμ. Es soll sich um eine milde Oxydation handeln (KÖNIG. von SZEGO u. SAMUELS (1943) auch auf Oestron angewendet (vgl. Abschnitt C II 1 c, S. 60).

f) Schwefelsäure und Furfurol: PETTENKOFERsche Reaktion (1844). Cholesterin, Gallensäuren und Steroidhormone mit einer Hydroxylgruppe oder Doppelbindung in Ring A sowie einer Doppelbindung in Ring B geben in etwas Eisessig gelöst mit 16 m-Schwefelsäure und Furfurollösung (2 cm³ einer 0,56 Vol.-% Lösung von frisch destilliertem Furfurol in 50% Essigsäure) erhitzt eine grüne Farbe (HANSEN, 1949; MUNSON, JONES, McCALL u. GALLAGHER, 1948; SCHMIDT u. HUGHES, 1942; WOLFSON, 1953, 1954).

g) Schwefelsäure und Arsensäure. Das Reagens gibt nach DAVID (1934) mit reinem Oestriol eine spezifische blaue Farbreaktion; vgl. auch PINCUS, WHEELER, YOUNG u. ZAHL (1936).

3. Reagens: Polynitroverbindungen u. ä.

a) m-Dinitrobenzol: ZIMMERMANNsche Reaktion (1935). m-Dinitrobenzol gibt zusammen mit Kalilauge und 17-Ketosteroiden eine stabile, violettrote Farbe (ZIMMERMANN, 1935. 1936a), die mit Äther oder Chloroform ausschüttelbar ist (ZIMMERMANN, 1943, 1944 a u. b). Das Maximum der Extinktion liegt in wäßrig-alkoholischer Lösung bei 530 mμ, bei den Ausschüttelungen mit Äther oder Chloroform bei 500 mμ. Δ^4-ungesättigte 3-Ketosteroide und andere Verbindungen mit Methylenketogruppen geben

Tabelle 15. *Spezifität der m-Dinitrobenzolreaktion.*

Positiv, mit alkali- stabiler Farbe: Absorptions- maximum 500 bis 540 mμ nach 60 min	Alle 17-Ketosteroide: Androsteron (ZIMMERMANN, 1935): Androstanon (CALLOW, 1938): Dehydroisoandrosteron (CALLOW, 1938): 1-3,5-Androstadien-17-on (CALLOW, 1938): Aetiocholanolon (WILSON, 1954): Oestron (ZIMMERMANN, 1935); Equilenin (ZIMMERMANN, 1935): 17-Ketosteroide aus Lanosterol (BROADBENT u. KLYNE, 1954). 3,17-Diketosteroide: Androstan, 3,17-dion (CALLOW, 1938): 1-4-Androsten, 3,17-dion (CALLOW, 1938). 11,17-Diketosteroide (WILSON, 1954).
Vorübergehend positiv, alkalilabil: Absorptionsmaxi- mum in der Regel nach 5 min bei 500—540 mμ, nach 60 min bei 360 bis 420 mμ	3-Ketosteroide: Testosteron (ZIMMERMANN, 1936): Corticosteron (ZIMMERMANN, 1942): Cholestenon (KAZIRO u. SHIMADA, 1937): Pregnen-20-ol, -3-on (MARKER, 1939a): Cholestanon (KAZIRO u. SHIMADA, 1937): Androstan-17-ol, 3-on (CALLOW, 1938): 3-Keto-12-oxycholansäure (KAZIRO u. SHIMADA): 3-Keto-7, 12-dioxycholansäure (KAZIRO u. SHIMADA); Progesteron (ZIMMERMANN, 1935): 11-Hydroxy-Progesteron (HORWITT, 1954). 20-Ketosteroide: Pregnanolon (CALLOW u. a., 1938). Herzgifte: (RAYMOND, 1938): Digitoxin: Digoxin; Gitoxin; Ouabain; Strophantidin. Nicht steroide Verbindungen: Aceton (BITTÓ, 1892); Cyclohexanon (ZIMMERMANN, 1944a): Cyclopentanon (CALLOW, 1938); Acetessigester (ZIMMERMANN, 1944a): Kreatinin (ZIMMERMANN, 1944a); Glycinanhydrid (ABDERHALDEN, 1924): Benzylcyanid (ZIMMERMANN, 1944a): Benzalacetophenon (ZIMMERMANN, 1944a): Formaldehyd (BITTÓ, 1892).

Negativ trotz Vor-
handenseins einer
Methylenketo-
gruppe
	6,-7-,12-Ketogallensäuren:
	Cholestan-6-on (CALLOW u. a., 1938):
	3-Oxy-6-ketocholansäure (KAZIRO u. SHIMADA,
	    1937):
	3-Oxy-7-ketocholansäure (KAZIRO u. SHIMADA,
	    1937):
	7-Keto-12-oxycholansäure (SABA, 1939):

Tabelle 15. (Fortsetzung.)

	12-Ketocholansäure (SABA, 1939); 3-Oxy-12-ketocholansäure (KAZIRO u. SHIMADA. 1937); 7-Oxy-12-ketocholansäure (SABA, 1939); 3,7-Oxy-12-ketocholansäure (SABA, 1939); 7,12-Diketocholansäure (SABA, 1939); 3-Oxy-7,12-diketocholansäure (KAZIRO u. SHIMADA, 1937).
Negativ, weil keine Methylenketogruppe vorhanden ist	Phenolische Steroide: Oestradiol (ZIMMERMANN, 1936); Oestriol (ZIMMERMANN, 1936). Alkoholische Steroide: Pregnandiol (ZIMMERMANN, 1935); Cholesterin (KAZIRO u. SHIMADA, 1937); Cholsäure (KAZIRO u. SHIMADA, 1937); Desoxycholsäure (KAZIRO u. SHIMADA, 1937).

nur eine labile Farbreaktion, die bald ins Gelbbraune übergeht (Absorptionsmaximum etwa 380 mμ). Für die Trennung der aus 17-Ketosteroiden entstehenden alkalistabilen Farbstoffe von Farbkomplexen, die aus anderen Verbindungen mit aktiven Methylengruppen entstehen und die alkalilabil sind, ist eine hohe, mindestens 2-normale Alkalikonzentration Voraussetzung; denn bei niederen Alkalikonzentrationen entsteht aus beiden Gruppen der gleiche Farbkomplex (ZIMMERMANN, 1936a, 1944b). Die Reaktion ist darüber hinaus noch von der Konzentration des m-Dinitrobenzols, vom Lösungsmittel, von Temperatur, Zeit und Belichtung abhängig (ZIMMERMANN, 1936a, 1944b). Als Reaktionsmechanismus wird von ZIMMERMANN zuerst eine Anlagerung der Lauge an den Polynitrokörper zu einer Chinolnitrosäure (MEISENHEIMER) angenommen; danach eine Kondensation dieser Chinolnitrosäure mit dem Methylenketosteroid unter Wasseraustritt (Einzelheiten siehe ZIMMERMANN, 1936b und 1944a):

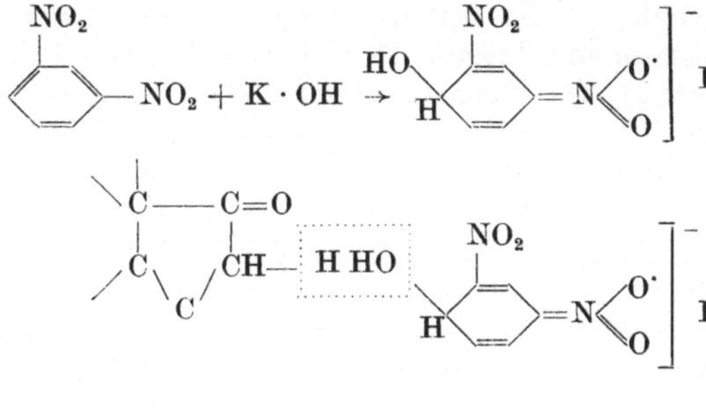

Ortho-Dinitrobenzol, p-Dinitrobenzol und Pikrinsäure geben diese Reaktion nicht. Ausgangspunkt der Entwicklung der Farbreaktion war die von JAFFÉ (1886) für Kreatinin mit Pikrinsäure und Natronlauge angegebene Farbreaktion, die allerdings selber nicht auf Steroidhormone anwendbar ist. Bei Ketosteroiden scheint das Vorhandensein von funktionellen Gruppen in polarer Stellung an C-3 bzw. C-17 die Vorbedingung für den Eintritt der Reaktion zu sein; denn wenn die Ketogruppe an C-6, C-7 oder C-12 steht, reagieren diese Steroide trotz des Vorhandenseins von

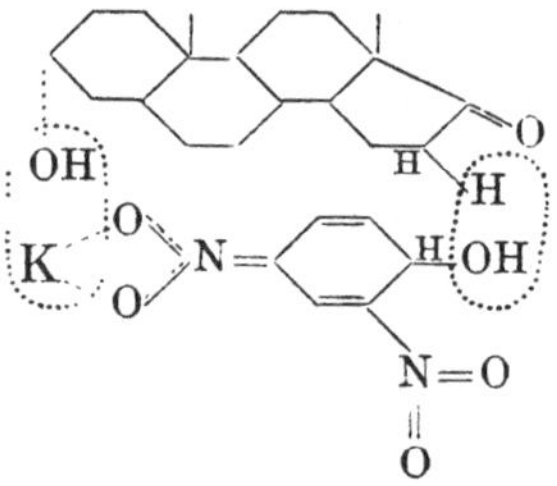

Androsteron: positiv 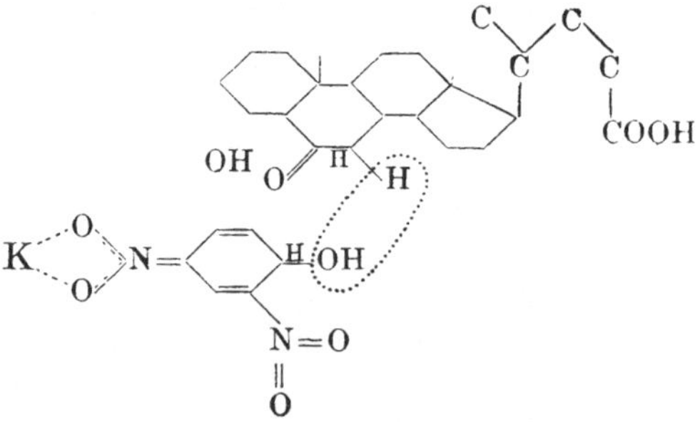   3-Hydroxy-6-ketocholansäure: negativ

Methylenketogruppen negativ. Wie man anhand von Molekülmodellen nach STUART u. BRIEGLEB, die den experimentell gemessenen Atomabständen und Wirkungssphären bei $1{,}5 \cdot 10^8$-facher Vergrößerung entsprechen, demonstrieren kann, ist die Länge eines 17-Ketosteroidmoleküls und des chinolnitrosauren Kaliumsalzes fast gleich, so daß einerseits die der Nitrogruppe benachbarte labile Hydroxylgruppe und das der Ketogruppe benachbarte labile Wasserstoffatom gegenüberstehen, anderseits die Hydroxylgruppe an C-3 und das Kaliumion. Da der Abstand zwischen Hydroxyl- und Ketogruppe bei 6-, 7- oder 12-Ketosteroiden weit geringer ist, könnte dies vielleicht die fehlende Reaktion dieser Steroide mit Methylenketogruppen erklären. Der Unterschied in der Reaktionsfähigkeit eines 17-Ketosteroids (Androsteron: stabil) und eines 3-Ketosteroids (Testosteron: labil) könnte darauf beruhen, daß die Reaktionsfähigkeit einer Methylenketogruppe mit α-ständiger Doppelbindung abgeschwächt ist.

Auch die α-β-Isomerie hat offenbar Einfluß auf die Farbreaktion, wie die in wäßrig-alkoholischer Lösung verschiedene Reaktionsgeschwindigkeit von Androsteron (Androstan-3(α)-ol, 17-on) und Dehydroisoandrosteron ($\varDelta^5$-Androsten-3(β)-ol, 17-on)

zeigt (ZIMMERMANN, 1944a). Zur Spezifität der Farbreaktion siehe CALLOW, CALLOW u. EMMENS (1938), BROADBENT u. KLYNE (1954). HOLTZ (1954), MARLOW (1950), ZIMMERMANN (1944a) und Tab. 14. Zur quantitativen Bestimmung s. Abschnitt C II 2 c, S. 63 ff.

b) Dinitrophthalsäureanhydrid: ENGELsche Reaktion (1950). Mit alkoholischen Steroiden und Lauge zusammen entsteht eine rote Farbe, die der m-Dinitrobenzolreaktion entspricht (ENGEL, 1950a, ENGEL u. Mitarb., 1950a). Vgl. Abschnitt C II 3 c, S. 77.

c) 3:5-Dinitrobenzoesäure. 0,1% Dinitrobenzoesäure und 40% wäßriges Benzyltrimethylammoniumhydroxyd ergeben mit Keto-steroiden eine rote Farbreaktion (TANSEY u. GROSS, 1950). Benzyltrimethylammoniumhydroxyd ist eine starke Lauge und. entspricht somit der Kalilauge der ZIMMERMANN-Reaktion ebenso wie die Dinitrobenzoesäure, die aber im Gegensatz zu Dinitro-benzol wasserlöslich ist.

d) Tetranitromethan. Mit Enolformen von Testosteron, Progesteron u. a. entstehen gelbbraune Farben, die Ketoformen reagieren negativ (WESTPHAL, 1937).

e) α-Nitroso-β-Naphthol. Eine 0,1%ige alkoholische Lösung dieser Verbindung gibt zusammen mit konzentrierter Salpeter-säure und p-substituierten Phenolen mit unbesetzten Orthostellen, also auch mit phenolischen, oestrogenen Steroiden, in der Wärme eine bläulichrote Farbe, die mit Amylalkohol ausschüttelbar ist. (GERNGROSS, VOSS u. HERFELD, 1933; HÄUSSLER, 1935; SCHWENK u. HILDEBRANDT, 1933; VOSS, 1937).

4. Reagens Antimontrichlorid: PINCUS-Reaktion (1943).

Beim Erhitzen einer essigsauren Antimontrichloridlösung mit Androsteron, Isoandrosteron, Ätiocholan, 3(α)-ol, 17-on, oder $\Delta^{2(3)}$-Androsten,-17-on und nachträglichem Verdünnen mit Eisessig entsteht eine blaue Farbreaktion (PINCUS-Reaktion): Dehydroisoandrosteron, Androstendiol und Pregnandiol reagieren kaum (PINCUS, 1943a). Vitamin A und D geben ebenfalls Farb-reaktionen mit Antimontrichlorid, allerdings nur in Chloroform-lösung (vgl. PINCUS, 1954). Anwendung s. C II 2b, S. 63.

5. Reagens Phenylhydrazin: PORTER-SILBER-Reaktion (1950).

Phenylhydrazin ist ein Reagens zum Nachweis von Carbonyl-gruppen und dient vor allem zur Identifizierung von Zuckern durch die Bildung von charakteristischen, gelb gefärbten Osazonen. Zur Osazonbildung sind nur Ketole befähigt, also Verbindungen mit benachbarten Keto- und Alkoholgruppen, wie sie sowohl bei Aldosen und Ketosen als auch bei den Corticosteroiden vorkommen.

Es kommt dabei zuerst zur Bildung von Phenylhydrazonen, dann durch ein zweites Molekül Phenylhydrazin zur Dehydrierung der der Ketogruppe benachbarten Hydroxylgruppe zu einer zweiten Ketogruppe, und zur Kupplung mit einem dritten Molekül Phenylhydrazin zu einem intensiv gelb gefärbten Diphenylhydrazon. Es ist nicht unwahrscheinlich, daß eine solche Osazonbildung auch der gelben Farbreaktion von Phenylhydrazin zugrunde liegt, die PORTER u. SILBER (1950) zur Bestimmung von Corticosteroiden mit einer 17-Hydroxylgruppe eingeführt haben (siehe Abschnitt C, II 4c, S. 84).

6. Reagens: Diazoverbindungen.

Diazotierte Sulfanilsäure (EHRLICHs Diazoreagens) bzw. diazotiertes p-Nitranilin bilden mit Phenolen gelborange bis rote Azofarbstoffe und sind darum auch zum Nachweis der phenolischen, oestrogenen Steroide herangezogen worden (SCHWENK u. HILDEBRANDT, 1933; SCHMULOVITZ u. WYLIE, 1935, 1936; TALBOT, WOLFE, MACLACHLAN, KARUSH u. BUTLER, 1940). MARX u. SOBOTKA (1938) verwenden diazotiertes p-Nitrobenzylazo-dimethoxyanilin. Siehe auch BOSCOTT (1951b).

$$\overline{O}_3S\!-\!\langle\bigcirc\rangle\!-\!\overset{+}{N}\!\equiv\!N \;+\; \langle\bigcirc\rangle\!-\!\underset{HO}{} \;\longrightarrow\; HO_3S\!-\!\langle\bigcirc\rangle\!-\!N\!=\!N\!-\!\langle\bigcirc\rangle\!-\!\underset{HO}{}$$

| diazotierte | phenolisches | Azofarbstoff |
| Sulfanilsäure | Steroid | |

7. Reagens: Benzoylchlorid.

Ein Reagens aus 1 cm³ 40%iger Zinkchloridlösung in Eisessig und 1,5 cm³ Benzoylchlorid gibt mit Oestron, Oestradiol und Cholesterin eine rote Farbe, Oestriol reagiert negativ (PINCUS, WHEELER, YOUNG u. ZAHL, 1936).

II. Quantitative Methoden zur chemischen Bestimmung von Steroidhormonen.

1. Phenolische Steroide.

a) Bestimmung der phenolischen Steroide mit Phenol-Schwefelsäure nach KOBER.

Reagens: 3,6 Vol. Teile Phenol, durch Destillation gereinigt und im Wasserbad geschmolzen, werden langsam unter Kühlung zu 5,6 Teilen konzentrierter Schwefelsäure p. an. gegeben, dann wird auf das doppelte Volumen mit konzentrierter Schwefelsäure aufgefüllt. Das Reagens muß fast farblos sein.

Ausführung (nach JAYLE U. CRÉPY): Es sollen drei Parallelversuche angesetzt werden. Die wie in Abschnitt B II 1 u.2. S. 13 ff. beschrieben gewonnenen alkoholischen Harnextrakte der natronalkalischen Phase werden in Mengen. die je 2,5—15 γ phenolischen Steroiden entsprechen (außerhalb der Schwangerschaft aus etwa 50 cm³ Harn extrahierbar) in je einem Reagenzglas zur Trockne gebracht: zu jeder Portion wird 0,4 cm³ Reagens gefügt. Die lose verschlossenen Gläser werden sodann unter mehrfachem leichtem Umschütteln 10 min lang im siedenden Wasserbad gehalten. anschließend in einer Salz-Eis-Kältemischung abgekühlt. Den nunmehr getrennt nacheinander zu behandelnden Proben wird je 0,35 cm³ dest. Wasser zugesetzt. es wird 1 min lang im siedenden Wasserbad erhitzt. dann 30 sec im Eisbad gekühlt. Schließlich fügt man 1.25 cm³ einer eisgekühlten Mischung von Aceton und Wasser 1:1 zu; die Gesamtmenge beträgt nun 2,0 cm³. Man mischt gut und mißt die Extinktion bei 510—520 mμ. ferner zur Korrektur bei 470 und 550 mμ, unmittelbar nach dem Zufügen der AcetonWassermischung. Danach werden die gut verschlossenen Reagenzgläser 18—24 Std. im Dunkeln gehalten. bis die rosa Farbe verschwunden ist. und dann ein zweites Mal photometriert. Aus der Differenz dieser beiden Extinktionswerte wird anhand einer mit Oestron aufgestellten Eichkurve das Ergebnis berechnet und in γ/24 Std. phenolische Steroide ausgedrückt. Die Messungen bei 470 und 550 mμ dienen zur Eliminierung störender chromogener Verunreinigungen anhand der ALLENschen Formel:

$$Ext_{510\ (korr)} = Ext_{510} - \frac{Ext_{470} - Ext_{550}}{2}$$

In gleicher Weise wird eine Oestroneichkurve aufgestellt. Eine kritische Besprechung der Methoden stammt von BATES (1954). Nach ihm hält keine der Methoden zur Farbkorrektur der Kritik stand. Statt Phenol können reduzierende Stoffe. am besten 2% Hydrochinon, der Schwefelsäure zugesetzt werden. Zusatz von Eisen- oder Kobaltsalz verstärkt die Farbintensität.

Weiteres Schrifttum siehe: ALLEN (1950); BACHMAN (1939): BACHMAN u. PETITT (1941); COHEN u. MARRIAN (1934); HASLEWOOD (1950); HUMM, MUNSON u. SALTER (1951): JAYLE u. CRÉPY (1950); JAYLE, CRÉPY u. JUDAS (1943); KOBER (1931. 1933, 1935) MARRIAN (1947); MARRIAN u. COHEN (1935, 1936): PINCUS. WHEELER. YOUNG u. ZAHL (1936); ROSSI u. MORASUTTI (1950a); STEVENSON u. MARRIAN (1947); STIMMEL (1946a u. b): VENNING, EVELYN. HARKNESS u. BROWNE (1937).

b) Bestimmung der phenolischen Steroide mit β-Naphthol-Schwefelsäure nach KOBER.

Reagens: 2,5% β-Naphthol in konzentrierter Schwefelsäure p. a.
Ausführung (nach DIRSCHERL u. ZILLIKEN): Der nach B II 1. gewonnene, alkoholische Harnextrakt wird im Reagenzglas zur Trockne gebracht, mit 2,0 cm³ Reagens aufgenommen, 2 min im siedenden Wasserbad gehalten, dann in Eiswasser gekühlt, mit 2,0 cm³ Wasser versetzt, gemischt, 20 sec im siedenden Wasserbad gehalten, in Eiswasser gekühlt. mit 6 cm³ Alkohol gemischt, schließlich wird die Extinktion bei 500 mμ gemessen (DIRSCHERL. u. ZILLIKEN, 1949a; KOBER, 1938).

c) Bestimmung der phenolischen Steroide mit Sulfoguajakol-Schwefelsäure nach SZEGO u. SAMUELS.

Reagens: 10% Lösung von Kaliumsulfoguajakol in konzentrierter Schwefelsäure.

Ausführung: Zum Trockenrückstand des Harnextraktes wird 0,2 cm³ Reagens gegeben und 6 min erhitzt, anschließend 5 min in Eiswasser gekühlt, mit 0,2 cm³ dest. Wasser verdünnt, 7 min im siedenden Wasserbad erhitzt. mit 0,6 cm³ 65% Schwefelsäure verdünnt (Gesamtvolumen 1,0 cm³) und 5 min in Eiswasser gekühlt. Messung mit Filter S 53 im Pulfrich-Stufenphotometer (OBERSTE-LEHN, 1950; SZEGO u. SAMELS, 1943).

d) Bestimmung der phenolischen Steroide mit Überchlorsäure nach PONTIUS.

Reagentien: Äther (absolut): Äther wird über Calciumchlorid vorgetrocknet und durch frisch geschnittenes, metallisches Natrium vollends entwässert. Nach einigen Tagen wird unter Feuchtigkeitsausschluß abdestilliert und zur Stabilisierung über metallischem Natrium aufbewahrt. *Überchlorsäurereagens, 1,0 Vol.-%:* 3 cm³ absoluter Äther werden mit 7 cm³ Chloroform vermischt; in diesem Gemisch werden 0,1 cm³ 70%ige Überchlorsäure gelöst. Die Lösung ist täglich frisch zu bereiten. *Salicylsäurelösung. 50 mg-% in Chloroform:* 50 mg Salicylsäure in 100 cm³ Chloroform. *Phenol-Chloroform-Gemisch:* 100 cm³ auf 60° erwärmtes Phenol werden mit 250 cm³ Chloroform vermischt und abgekühlt. Dieses Gemisch hält sich unter Lichtabschluß mindestens drei Wochen.

Tabelle 16. *Für quantitative Bestimmung von Oestrogenen benötigte Mengen.*

Methode	γ je Untersuchung
Infrarot	1000
Ultraviolett	12—100
KOBER-Reaktion . . .	10—60
PONTIUS-Reaktion . .	5—50
Fluorescenz mit gelbem Farbfilter	0,02—1,0
Fluorescenz mit Interferenzfilter	0,1—5,0

Peroxydhaltiger Äther: 1 cm³ Perhydrol wird mit 10 cm³ Äther vermischt (Vorsicht, ätzend, Rückstände dürfen nicht destilliert werden). Von der Ätherschicht wird 1 cm³ mit 5 cm³ reinem Äther verdünnt.

Ausführung der Bestimmung: 100 cm³ Harn werden in üblicher Weise extrahiert und fraktioniert. Der Rückstand wird mit 1 cm³ Chloroform aufgenommen und mit dieser Lösung die Farbreaktion angestellt: Zu 1 cm³ steroidhaltiger Chloroformlösung = 10—20 γ phenolische Steroide wird 1 cm³ Salicylsäurelösung (= 500 γ) und 0,5 cm³ Überchlorsäurereagens (= 7 mg Überchlorsäure) gegeben. DiesesGemisch wird 5 min auf 100° C (Glycerinzusatz zum Wasserbad um 100° zu erreichen), erhitzt, herausgenommen und es werden sofort 4 cm³ Phenolgemisch hinzugefügt, da die im bräunlich gefärbten, fast bis zur Trockne eingedampften Rückstand vorhandenen und aus phenolischen Steroiden und Überchlorsäure gebildeten Farbkomplexe instabil sind. Der gelöste Rückstand wird in zwei gleiche Teile geteilt. Zu 2 cm³ kommen 2 cm³ peroxydhaltiger Äther, zur anderen Hälfte peroxydfreier (absoluter) Äther. Nach etwa 5 min ist der mit Überchlorsäure gebildete Farbstoff im Leerwert zerstört (die Färbung des Hauptwertes bleibt mindestens 15 min konstant) und die Probe kann gemessen werden. Bei jeder Versuchsreihe läuft ein Testversuch mit reiner, kristallisierter Substanz mit. 10 γ Oestron ergeben unter diesen Bedingungen bei S_{53} und 1 cm Schichtdicke eine Extinktion von etwa 0,400. Wichtig ist völlige Wasserfreiheit der Reaktionslösung.

Bei Zusatzversuchen von 50—200 γ Oestron zu hydrolysiertem Harn vor der Extraktion wurden nur bis etwas über 50% wiedergefunden. Wurde Oestron zum gereinigten Endextrakt gegeben, so wurde es quantitativ wiedergefunden.

e) Fluorometrische Bestimmung der phenolischen Steroide.
Unter dem Abschnitt C, I 1a, S.51: „Qualitative Farbreaktionen der Steroidhormone" ist bereits erwähnt worden, daß Oestrogene beim Erhitzen mit Schwefelsäure eine grüne Fluorescenz geben. Zur Messung dieser Fluorescenz muß sowohl das die Fluorescenz anregende, UV-reiche Primärlicht (z. B. 436 mμ Quecksilberbande), als auch das zu messende Sekundärlicht in geeigneten Geräten mit entsprechenden selektiven Filtern (z. B. mit Filterschwerpunkten bei 420—435 [primär] bzw. 520—530 mμ [sekundär]) ausgebündelt werden. Eine ausführliche Studie über das Problem der fluorometrischen Messung von Oestrogenen bringt BATES (1954).

Reagens: 90% Schwefelsäure pro analysi.

Ausführung (nach EICHENBERGER u. HOFMANN): 1 cm³ alkoholischer Harnextrakt, weniger als 0,5 γ Oestron enthaltend, wird mit 15 cm³ 90% Schwefelsäure gemischt, 5 min im siedenden Wasserbad gehalten, abgekühlt, und sofort die Fluorescenz im Fluorometer gemessen. Eine nicht erhitzte Parallelprobe ergibt den Leerwert. In gleicher Weise werden bekannte Oestronlösungen behandelt und mitgemessen. Die Methode. von der viele Abarten beschrieben wurden, ist von der Reinheit der Reagentien abhängig und sehr empfindlich. (BATES u. COHEN, 1947, 1950: EICHENBERGER u. HOFMANN, 1952; ENGEL. 1950 a. b; ENGEL u. Mitarb., 1950 b; JAILER. 1947, 1948; GLAUNWHITE. ENGEL. OLMSTED u. CARTER, 1951.)

Phosphorsäure statt Schwefelsäure zur Erzeugung der Fluorescenz benutzt FINKELSTEIN (1947, 1948. 1951, 1952, 1953). Die Methode ist vom Wassergehalt der Phosphorsäure und Belichtung abhängig (BRAUNSBERG, 1952). GARST u. a. (1950) erzeugen Fluorescenz mit Phthalsäureanhydrid und Zinkchlorid, die Methode ist aber ziemlich umständlich.

f) Titrimetrische Bestimmung phenolischer Steroide nach Rossi.

Prinzip: Phenolische Steroide sollen mit Natrium-Kobaltnitrit Komplexsalze bilden, die in Wasser schwer löslich. mit Äther aber extrahierbar sind. Die im Ätherauszug enthaltene Nitritmenge wird jodometrisch titriert (ROSSI, 1950 a).

Reagens: 2% Natrium-Kobaltnitritlösung: das analysenreine Reagens muß für jede Titration frisch bereitet und innerhalb weniger Stunden verbraucht werden.

Ausführung (nach APPEL): Alkoholischer Harnextrakt. durch Wasserdampfdestillation von flüchtigen Harnphenolen befreit. wird nach Abdampfen des Alkohols mit 0,5 cm³ Eisessig angesäuert und tropfenweise binnen 15 min mit 2 cm³ Reagens versetzt. Man läßt 30 min stehen und extrahiert dreimal mit je 40 cm³ Äther (der Äther muß zur Entfernung von Peroxyden frisch von Ferrosulfat abdestilliert werden). Aus dem Äther werden die überschüssigen Nitrite mit Natriumbicarbonatlösung ausgewaschen. bis die Waschwässer keine Nitritreaktion mehr geben. Der getrocknete Extrakt wird abgedampft, der Rückstand in 4 cm³ n/10 Kalilauge aufgelöst, mit 5 cm³ n/10 Schwefelsäure werden dann die Nitrite in Freiheit gesetzt. Nach Zusatz von Kaliumjodid- und Stärkelösung können sie mit n/1000 (!) Natriumthiosulfatlösung titriert werden (APPEL, 1952; ROSSI, 1950 a). Nach BOCKENDAHL (1953) ist die Methode jedoch nicht reproduzierbar, da es nicht zu einer Anlagerung des Kobaltkomplexes an das phenolische Steroid in stöchiometrischen Verhältnissen kommt.

2. Neutrale 17-Ketosteroide.

a) Bestimmung von Dehydroisoandrosteron u. ä. mit Schwefelsäure nach DIRSCHERL und ALLEN.

Reagens: Konzentrierte Schwefelsäure pro analysi 4 Vol. + 90% Äthylalkohol 1 Vol.

Ausführung (nach ALLEN u. Mitarb. 1950): Der Trockenrückstand des Harnextraktes[1] wird in 2 cm³ Reagens gelöst und 12 min auf 55° C erwärmt. Nach Abkühlung in Eiswasser fügt man 3 cm³ 95% Äthylalkohol zu und kühlt wiederum in Eiswasser. Man photometriert im Absorptionsmaximum bei 600 mμ und vergleicht mit Standardlösungen. Unter Umständen ist eine Korrektur der gemessenen Extinktion mit der Formel von ALLEN (1950) erforderlich. Bei anderen Modifikationen liegt das Absorptionsmaximum zwischen 570 und 600 mμ (ALLEN, HAYWARD u. PINTO, 1950; DIRSCHERL u. ZILLIKEN, 1943, 1949 a, b; DIRSCHERL u. TRAUT, 1952; HANSEN, 1949, 1950; JENSEN, 1950 a, b, c; KERR u. HOEHN, 1944; NIELSEN, 1948a; PATTERSON, 1947)[2].

b) Bestimmung von Androsteron u. a. mit Antimontrichlorid nach PINCUS.

Reagens: 3,8 g Antimontrichlorid werden in 1 cm³ eines Eisessig-Essigsäureanhydridgemisches 9:1 gelöst.

Ausführung: Zum Trockenrückstand des Harnextraktes mit einem Gehalt von etwa 0,1 mg Steroiden (größenordnungsmäßig aus 10 cm³ Harn extrahierbar) werden aus einer Mikrobürette 0,2 cm³ Reagens gefügt (cave: Reagens nicht mit einer Pipette mit dem Mund aufziehen!); es wird dann bis zur Lösung geschüttelt. Das verschlossene Reagenzglas wird nunmehr im Wasserbad 20 min lang erhitzt. Es wird abgekühlt und unter Schütteln langsam mit Eisessig bis zu einem für die benutzten Cuvetten optimalen Volumen verdünnt. Man läßt bei Zimmertemperatur 40—60 min stehen, dann ist die maximale Farbentwicklung erreicht und die Extinktion kann bei 610 mμ gemessen werden. Vergleich mit ebenso behandelten Standardlösungen (PINCUS, 1943 a; SALTER, 1943; SALTER u. Mitarb. 1946).

c) Bestimmung der gesamten neutralen 17-Ketosteroide mit m-Dinitrobenzol nach ZIMMERMANN.

Reagens: a) m-Dinitrobenzol in absolutem Äthanol, b) 3 normale, wäßrige Kalilauge (s. Anm.).

[1] Vgl. Abschnitt B II 1, S. 13.

[2] s. a. DIRSCHERL u. BREUER 1954; WOLFSON 1954.

Anmerkung. Von den verschiedenen Reinigungsverfahren für m-Dinitrobenzol wird am meisten dasjenige von ROSSI (1950b) durch Aufkochen einer alkoholischen Lösung von m-Dinitrobenzol mit aktiver Kohle empfohlen; der Schmelzpunkt soll 90,5—91° betragen.

Ausführung: Der nach Abschnitt B II 1, S. 13 vorgereinigte, fraktionierte oder chromatographierte Harnextrakt wird zur Trockne gebracht und in einer passenden, abgemessenen Menge absolutem Alkohol, z. B. 5 cm³, aufgelöst. Bei Extraktion von 50 cm³ Harn entspricht dies einer Konzentrierung von 1 : 10. Das Konzentrierungsverhältnis ist aber je nach dem gewünschten Zweck variabel. wenn es bei der Berechnung berücksichtigt wird. An Stelle von absolutem unvergälltem Äthylalkohol kann man aus Billigkeitsgründen auch Alkohol verwenden, der mit 1% Tetrachlorkohlenstoff vergällt wurde, wenn die Standardsubstanzen in gleicher Weise behandelt werden. 2 cm³ dieses alkoholischen Harnextraktes werden mit je 2 cm³ der Reagentien (a) und (b) gemischt (geeichte oder wenigstens eichfähige Pipetten verwenden!). Gleichzeitig werden zwei Kompensationsversuche angesetzt, bei denen einmal der Harnextrakt durch Alkohol ersetzt ist: 2 cm³ Alkohol + 2 cm³ (a) + 2 cm³ (b), zum andern statt Dinitrobenzollösung Alkohol eingefüllt wird: 2 cm³ Harnextrakt +

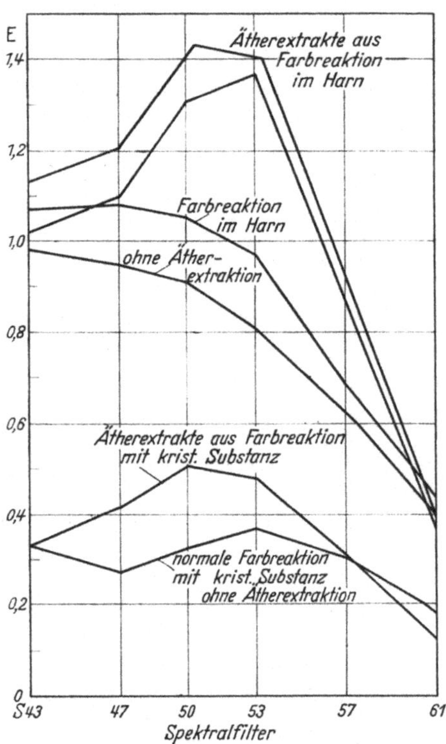

Abb. 7. Absorptionskurven von Ätherextrakten der vorher aus Androsteron bzw. aus Harn entwickelten Farbstoffe. Nach ZIMMERMANN, ANTON u. PONTIUS: Z. physiol. Chem. 289, 91 (1952).

2 cm³ Alkohol + 2 cm³ (b). So kann man die Eigenfarbe der Reagentien (a + b) und diejenige des oft gefärbten Harnextraktes ausschalten. Die drei lose verschlossenen Reagenzgläser kommen dann, vor direkter Belichtung geschützt, 90 min lang in ein 25 ± 0,1° C warmes Wasserbad. Bei Reihenversuchen wie z. B. bei chromatographischen Untersuchungen kann etwa alle 3—5 min der nächste Harnextrakt zur Farbreaktion angesetzt werden.

Nach *genau* 90 min werden die Reagenzgläser aus dem Wasserbad herausgenommen und *sofort* mit 8,0 cm³ Äthyläther vermischt. Die aus 17-Ketosteroiden entstandenen Farbstoffe gehen in die Ätherschicht, störende Chromogene bleiben in der wäßrigen Phase. Durch diese Trennung erhält man absolute 17-Ketosteroidwerte wie bei der Reinigung über GIRARD-Verbindungen. Die Trennung der beiden Phasen kann durch Filtration durch ein kleines, schnell filtrierendes und wenig absorbierendes Papierfilter (z. B. Schleicher & Schüll Nr. 597 L) beschleunigt und die ätherische violettrote Farblösung so geklärt werden. Da die Farbstoffe lichtempfindlich sind, muß die anschließende Messung schnell erfolgen.

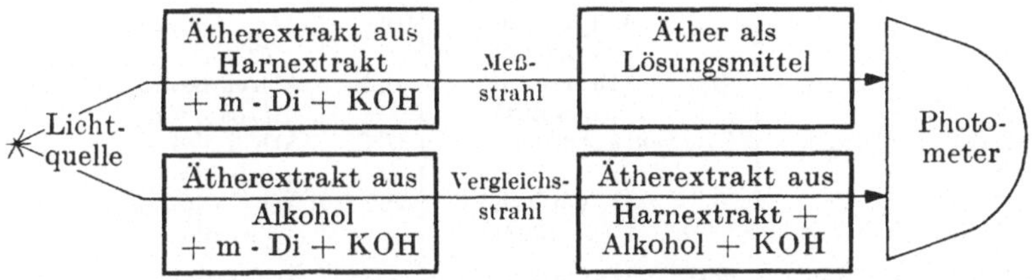

Abb. 8. Optische Kompensation bei einer m-Dinitrobenzolreaktion.

Man photometriert die Extinktion mit einem Filter mit dem Schwerpunkt bei 490—500 mμ und subtrahiert die Extinktion der beiden, in gleicher Weise ausgeätherten Kompensationsmischungen optisch oder rechnerisch[1].

Eine Messung in zwei Spektralbereichen ist bei Extraktion der Farbstoffe nicht erforderlich. Es wird empfohlen, möglichst an jedem Arbeitstag auch eine bekannte Kontrollösung von Androsteron mitzumessen, um die Konstanz der Versuchsbedingungen zu gewährleisten. Da bei Verwendung eines Reagenses aus alkoholischer m-Dinitrobenzollösung und wäßriger Kalilauge Dehydroisoandrosteron etwa 10% mehr Licht absorbiert als Androsteron, aber in Harnextrakten normalerweise Androsteron bei weitem Dehydroisoandrosteron überwiegt, ist für die Aufstellung von Eichkurven Androsteron empfehlenswerter als Dehydroisoandrosteron. Der *e*-Wert von Androsteron (*e* = Extinktion einer

---

[1] Es muß hier betont werden, daß die Bemerkung von HINSBERG (1953), daß man mit dieser Methode keine absoluten Werte erhalten könne und die Resultate nur unter sich vergleichbar seien, nicht richtig ist. Man erhält vielmehr gerade durch die Farbstoffausätherung bereinigte, absolute Werte und die Normalwerte stimmen bei fast allen Laboratorien der Welt weitgehend überein.

Tabelle 17. *Vergleich verschiedener Arbeitsvorschriften für die*

Autor	Harnextrakt bzw. Hormonlösung		m-Dinitrobenzollösung		
	cm³	Lösungsmittel	cm³	Lösungsmittel	Konzentration %
ZIMMERMANN . . . 1935 (Deutschland)	*0,3*	*Äthylalkohol* (absolut)	*0,065*	*Äthylalkohol* (absolut)	*1*
ZIMMERMANN . . . 1936	*2,0*	Äthylalkohol (absolut)	*1,0*	Äthylalkohol (absolut)	1
ZIMMERMANN . . . 1943 bzw. 1944	2,0	Äthylalkohol (absolut)	*2,0*	Äthylalkohol (absolut)	2
HOLTORFF u. KOCH . 1940 (USA)	0,2	Äthylalkohol (absolut)	0,2	Äthylalkohol (95%)	2
NATHANSON u. WILSON 1943 (USA)	0,2	Äthylalkohol (absolut)	0,2	Äthylalkohol (95%)	2
DREKTER u. Mitarb. 1947 (USA)	0,2	Äthylalkohol (absolut)	0,2	Äthylalkohol (absolut)	2
DREKTER u. Mitarb. 1952	*Trockenrückstand*		*0,4*	Äthylalkohol (absolut)	1
TOMPSETT . . . . 1949 (England)	0,2	Äthylalkohol (absolut)	0,2	Äthylalkohol (absolut)	2
ZIMMERMANN 1943/44, ders. u. Mitarb. 1952	2,0	Äthylalkohol 99%, vergällt	2,0	Äthylalkohol 99%, vergällt	2
CAHEN u. SALTER . . 1944 (USA)	0,2	Äthylalkohol 95%	0,2	Äthylalkohol 95%	2
WALTER . . . . . 1952 (Deutschland)	0,2	Äthylalkohol (absolut)	0,2	Äthylalkohol (absolut)	2
HENRY u. THÉVENET 1951 (Frankreich)	*0,5*	Äthylalkohol (absolut)	*0,3*	Äthylalkohol (96%)	2
WU u. CHOU . . . . 1937 (China)	*0,25*	Äthylalkohol (absolut)	*0,2*	Äthylalkohol (absolut)	*2*
CALLOW . . . . . 1938 (England)	*0,2*	Äythlalkohol (absolut)	0,2	Äthylalkohol (absolut)	2
LICHTWITZ u. Mitarb. 1947 (Frankreich)	0,2	Äthylalkohol (absolut)	0,2	Äthylalkohol (absolut)	1,16
ROMERO . . . . . . 1949 (Chile)	0,2	Äthylalkohol (absolut)	0,2	Äthylalkohol (absolut)	2
KRIEGER . . . . 1950 (Australien)	*0,15*	Äthylalkohol (absolut)	0,2	*Methanol*	2
KRIEGER 1952	0,15	Äthylalkohol (absolut)	0,2	Äthylalkohol	2
HERRNRING . . . . 1950 (Deutschland)	*1,0*	*Methanol*	*1,0*	Methanol	2
PFISTER . . . . . . 1952 (Schweiz)	0,2	Äthylalkohol (absolut)	0,2	Äthylalkohol (absolut)	2

Bemerkung: Modifikationen sind in *Kursiv* ausgezeichnet, wenn sie von dem betr. Autor erstmalig angewendet wurden.

Durchführung der m-Dinitrobenzolreaktion auf 17-Ketosteroide.

Kalilauge			Reaktions-temperatur ° C	Re-aktions-dauer	Verdünnung bzw. Extraktion	
cm³	Lösungsmittel	Konzentration normal ~ %		min	cm³	Mittel
0,05	Wasser	2.7 n = 15	Zimmer-temp.	60	—	—
1,0	Wasser	3,0 n = 16,8	gemessen (20—25)	60	—	—
2,0	Wasser	3,0n = 16,8	(20—25)	60	—	—
0,2	Wasser	5,0 n = 28	25±0,2	45	10	Äthylalkohol (95%)
0,2	Wasser	5,0n = 28	25±0,2	105	10	Äthylalkohol (63%)
0,3	Wasser	5,0n = 28	27	90	1	Äthylalkohol (75%)
0,3	Wasser	8,0 n = 44,8	25	25	2	Äthylalkohol (75%)
0,2	Wasser	5,0n = 28	25	45	10	Äthylalkohol (67%)
2,0	Wasser	3,0n = 16,8	25±0,1	90	8	Äther
0,2	Wasser	5,0n = 28	25±0,1	105	0,3	Chloroform
0,2	Wasser	5,0n = 28	27	80	10	Benzol + alkoh. Kalilauge
0,1	70% Äthyl-alkohol	5,35 n = 30	56	8*	5	60% Äthylalkohol + 2,5 cm³ $CHCl_3$
0,15	Äthylalkohol (absolut)	1,8 n = 10	25	60	ad 10	Äthylalkohol (95%)
0,2	Äthylalkohol (absolut)	2,5 n = 14	25±0,1	60	10	Äthylalkohol (absolut)
0,2	Äthylalkohol (absolut)	2,0 n = 11,2	30	60	5 ad 15	Chloroform + Äthyl-alkohol 60%
0,2	Äthylalkohol (absolut)	2,0n = 11,2	25	60	ad 50	Chloroform + Äthyl-alkohol (95%)
0,2	Methanol	2,7 n = 15	25	75	ad 7	Äthylalkohol (absolut)
0,2	Methanol	3,0 n = 16,8	37,5	15	ad 7	Äthylalkohol (absolut)
1,0	Wasser	5,0n = 28	30	90	5	Methanol
0,2	Methanol	5,0n = 28	25	60	ad 7	Äthylalkohol (absolut)

* + 5 min Eis

1 mg-$^0/_0$ Lösung) liegt in unserm Laboratorium bei 0,0530, er muß aber für jedes Laboratorium neu bestimmt werden. Durch Multiplikation der bei einer Schichtdicke von 10 mm gefundenen Extinktion E mit dem Faktor 18,9 (= 1:0,053) erhält man die Konzentration des gemessenen Harnextraktes in mg-% 17-Ketosteroiden, als Androsteron berechnet. Aus der gewählten Konzentrierung kann daraus die Literkonzentration und weiter die Tagesausscheidung berechnet werden. Bei der Berechnung dürfen die Konzentrationsangaben mg-% des alkoholischen Extraktes, mg/l des Harnes und mg/24 Std. nicht verwechselt werden. Schrifttum: ZIMMERMANN, 1935, 1936, 1943, 1944 a, b, c, d, e, f, g, 1946, 1951 a, b; ZIMMERMANN, ANTON u. PONTIUS, 1952; ANTON, 1952.

Da das Verfahren innerhalb gewisser Grenzen, die durch die Reaktionsgeschwindigkeit gegeben sind, weitgehend zu variieren ist, sind zahlreiche Modifikationen entwickelt worden. Es wechselt dabei die Konzentration der m-Dinitrobenzollösung zwischen 1 und 2%, die Kalilauge zwischen 2,5 und 8 normal, das Lösungsmittel zwischen wäßrigem Alkohol, absolutem Äthylalkohol und Methanol, die Temperatur zwischen 20 und 30° C (vereinzelt auch höher), die Reaktionszeit zwischen $^3/_4$ und fast 2 Std., die Verdünnungsflüssigkeit zwischen Alkohol, Äther und Chloroform oder sie entfällt ganz. Es ist dabei zu beachten, daß man durch jede Maßnahme, die die Farbintensität der 17-Ketosteroid-Komplexe erhöht, auch die unspezifische Reagentienleerfarbe erhöht, so daß man bald zu einem Punkte kommt, an dem eine weitere Intensivierung unzweckmäßig wird. Vermeidet man Wasser als Lösungsmittel durch Arbeiten mit absolut-alkoholischer Kalilauge, so gleichen sich zwar die Reaktionsgeschwindigkeiten von Androsteron und Dehydroisoandrosteron und damit ihre spezifischen Extinktionen an, aber das Arbeiten wird kompliziert[1].

Die Modifikationen, die am meisten Verbreitung gefunden haben, sind vor allem in England diejenige von CALLOW, CALLOW u. EMMENS (1938) und vorwiegend in den USA die von HOLTORFF u. KOCH (1940). Auch die verschiedenen Mikromethoden gehen im allgemeinen auf eine dieser Modifikationen zurück; bei ihnen handelt es sich weniger um eine Abwandlung der Farbreaktion als solcher als um eine Modifikation der Aufbereitungsverfahren unter Extraktion kleinerer Harnmengen. Einige der wichtigsten Modifikationen des Grundprinzips der alkalischen Kondensation eines 17-Ketosteroids mit m-Dinitrobenzol sind in der vorstehenden Tab. 17 zusammengestellt.

---

[1] Zur Stabilisierung der alkoholischen Kalilauge vgl. WILSON u. CARTER (1947) und HAMBURGER (1952).

Während bei der Ausschüttelung des bereits entwickelten Farbstoffes mit einem mit Wasser nicht mischbaren Lösungsmittel keine weiteren Korrekturen mehr notwendig sind, und aus der gemessenen Extinktion unmittelbar die Menge an 17-Ketosteroid entnommen werden kann, werden bei den übrigen Methoden bei Anwendung auf Harnextrakte die aus 17-Ketosteroiden entstandenen Farbstoffe von Störfarben überlagert.

Ihre Ausschaltung ist rechnerisch möglich, wenn sich die einzelnen Farbkomponenten nicht gegenseitig beeinflussen und die Extinktion des Gemisches der Summe der Einzelextinktionen entspricht. Das scheint auf die 17-Ketosteroide und die sie begleitenden, störenden Farbstoffe einigermaßen zuzutreffen (ZIMMERMANN, 1944d). Für einen bestimmten Wellenbereich gilt dann, wobei „e" die *bekannte* und konstante spezifische Extinktion einer 1 mg-prozentigen Lösung und „E" die jeweilig *gemessene* Extinktion bedeuten (VIERORDT 1873):

$$E_A = e_A \cdot Konz_A \text{ für Substanz } A, \text{ z. B. Androsteron,} \tag{1}$$

$$E_B = e_B \cdot Konz_B \text{ für Substanz } B, \text{ z. B. das störende Chromogen} \tag{2}$$

$$E_{Gemisch\ A+B} = E_A + E_B \tag{3}$$

$$E_{Gemisch\ A+B} = (e_A \cdot Konz_A) + (e_B \cdot Konz_B). \tag{4}$$

Mißt man nun in zwei verschiedenen Wellenbereichen, in denen sich e_A und e_B möglichst verschieden verhalten, z. B. im grünen (Spektralfilter S 53 = e_g) und im violetten (Spektralfilter S 42 = e_v) Licht, so erhält man zwei Gleichungen mit zwei Unbekannten, in denen die Konzentrationen von A und B unbekannt, dagegen die spezifischen Extinktionskoeffizienten von A und B in diesen beiden Wellenbereichen, nämlich e_{gA} und e_{vA} bzw. e_{gB} und e_{vB}, ferner die gefundenen Extinktionswerte der Gemische in beiden Wellenbereichen $E_{g,\ Gemisch}$ und $E_{v,\ Gemisch}$ bekannt sind:

$$E_{v,\ Gemisch} = (e_{vA} \cdot Konz_A) + (e_{vB} \cdot Konz_B) \quad \text{und} \tag{5}$$

$$E_{g,\ Gemisch} = (e_{gA} \cdot Konz_A) + (e_{gB} \cdot Konz_B) \tag{6}$$

Durch Entwicklung jeder dieser beiden Gleichungen (5) und (6) nach einer der beiden Unbekannten, z. B. nach $Konz._B$ hin, erhält man:

$$Konz_B = \frac{E_{v,\ Gemisch} - (Konz_A \cdot e_{vA})}{e_{vB}} \tag{7}$$

$$Konz_B = \frac{E_{g,\ Gemisch} - (Konz_A \cdot e_{g,A})}{e_{c,B}} \tag{8}$$

Setzt man nun die rechten Seiten der beiden Gleichungen (7) und (8) einander gleich, so erhält man eine neue Gleichung (9) mit nur einer Unbekannten, nämlich der $Konz_A$:

$$\frac{E_{v,Gemisch} - (Konz_A \cdot e_{g,A})}{e_{v,B}} = \frac{E_{g,\ Gemisch} - (Konz_A \cdot e_{gA})}{e_{g,B}} \tag{9}$$

Diese Gleichung (9) wird nach der Unbekannten $Konz_A$ hin entwickelt Einzelheiten s. ZIMMERMANN, 1944d) und man erhält (10):

$$Konz_A = \frac{(E_{g,Gemisch} \cdot e_{v,B}) - (E_{v,\ Gemisch} \cdot e_{g,B})}{(e_{g,A} \cdot e_{v,B}) - (e_{v,A} \cdot e_{g,B})} \tag{10}$$

Aus dieser Gleichung (10) wurde (ZIMMERMANN, 1936) durch Zusammenfassung der vier konstanten, spezifischen Extinktionskoeffizienten zu Konstantenbrüchen die Gleichung (11) entwickelt:

$$Konz_A = E_{g,Gem.} \cdot \frac{e_{v,B}}{(e_{gA} \cdot e_{vB}) - (e_{vA} \cdot e_{gB})} - E_{v,Gem.} \cdot \frac{e_g B}{(e_{gA} \cdot e_{vB}) - (e_{gA} \cdot e_{gB})} \tag{11}$$

Diese Brüche der spezifischen Extinktionskoeffizienten stellen ihrerseits Konstanten dar:

$$K_1 = \frac{e_{vB}}{(e_{g,A} \cdot e_{v,B}) - (e_{v,A} \cdot e_{g,B})} \tag{12}$$

$$K_2 = \frac{e_{g,B}}{(e_{g,A} \cdot e_{v,B}) - (e_{v,A} \cdot e_{g,B})} \tag{13}$$

Man erhält dann den für alle Gemische von A und B gültigen, einfachen Ausdruck:

$$Konz_A = (K_1 \cdot E_{g,\,Gemisch}) - (K_2 \cdot E_{v,\,Gemisch}) \tag{14}$$

Diese Konstanten K_1 und K_2 (1936 und 1943/44 als „A" und „B" bezeichnet) wurden von ZIMMERMANN (1936 und 1943/44) errechnet und für verschiedene Steroidgemische und auch für verschiedene Temperaturbereiche angegeben, da ja die Extinktionskoeffizienten temperaturabhängig sind.

Für *Harn* wurde damals als Modell einer Störsubstanz Kreatinin angenommen und dementsprechend wurden die spezifischen Extinktionskoeffizienten von Androsteron und von Kreatinin in die Gleichungen (12) und (13) eingesetzt, so daß für eine Entwicklungstemperatur von 25° der einfache Ausdruck resultierte:

$$\text{mg-\%-}Konz_{Androsteron,\ 25°} = 31{,}0 \cdot Ext_g - 5 \cdot Ext_v. \tag{15}$$

Es wurde erst später erkannt, daß es richtiger sei, anstelle von Kreatinin ein 3-Ketosteroid als Modell anzunehmen und dementsprechend eine Formel für Androsteron-Testosteron-Gemische berechnet, die bessere Ergebnisse finden läßt (ZIMMERMANN, ANTON u. PONTIUS, 1952):

$$\text{mg-\%-}Konz_{Androsteron,\ 25°} = 52 \cdot Ext_g - 28 \cdot Ext_v \tag{16}$$

Ext_g und Ext_v sind dabei die im grünen (S 53) und im violetten (S 43) Spektralbereich tatsächlich gemessenen Extinktionen eines gegebenen Harnextraktes, also eines Gemisches von verschiedenen 17-Ketosteroiden, für die als Modell Androsteron steht, mit unbekannten Chromogenen, für die Testosteron das Modell abgibt.

Im angloamerikanischen und dem davon beeinflußten Schrifttum wird dagegen mit einer Korrekturformel gearbeitet, die von GIBSON u. EVELYN (1938) für die Bestimmung der zirkulierenden Blutmenge angegeben und die von FRASER u. Mitarb. (1941) erstmalig auf 17-Ketosteroidgemische aus Harnextrakten angewendet wurde. Sie lautet:

$$Ext_{g,\,korrigiert} = \frac{\left(E_{g,Gemisch} \cdot \dfrac{e_{v,B}}{e_{g,B}}\right) - E_{v,Gemisch}}{\dfrac{e_{v,B}}{e_{g,B}} - \dfrac{e_{v,A}}{e_{g,A}}} \tag{17}$$

Diese Gleichung (17) geht ebenfalls auf (1) und (2) zurück. Daß die Korrekturgleichungen für die Bestimmung der 17-Ketosteroide von ZIMMERMANN von 1936 (14) und diejenige von GIBSON u. EVELYN von 1938 (17) im Grunde identisch sind, ergibt sich durch folgende einfache Rechnungen:

Dividiert man in Gleichung (17) beide Seiten durch den spezifischen Extinktionskoeffizienten von Androsteron bei der Wellenlänge $530\,\mathrm{m}\mu : e_{g,A}$, wie man es auch bei der praktischen Anwendung der Gleichung (17) tun muß, um aus dem korrigierten Extinktionskoeffizienten $Ext_{g,korrigiert}$ die gesuchte 17-Ketosteroidkonzentration zu erhalten, so ergibt sich die Gleichung (18):

$$Konz_A = \frac{Ext_{g,korrigiert}}{e_{g,A}} = \frac{E_{g,Gemisch} \cdot \dfrac{e_{v,B}}{e_{g,B}} - E_{v,Gemisch}}{\dfrac{e_{g,A} \cdot e_{v,B}}{e_{g,B}} - \dfrac{e_{g,A} \cdot e_{v,A}}{e_{g,A}}} \tag{18}$$

Durch Kürzung $(e_{g,A})$ und darauffolgende Multiplikation des Bruches im Zähler und im Nenner mit dem gleichen Faktor $e_{g,B}$ erhält man (19):

$$Konz_A = \frac{E_{g,Gemisch} \cdot \dfrac{e_{v,B} \cdot e_{g,B}}{e_{g,B}} - E_{v,Gemisch} \cdot e_{g,B}}{\dfrac{e_{g,A} \cdot e_{v,B} \cdot e_{g,B}}{e_{g,B}} - e_{v,A} \cdot e_{g,B}} \tag{19}$$

Durch nochmalige zweifache Kürzung $(e_{g,B})$ entsteht die Gleichung (20), die mit (10) identisch ist:

$$Konz_A = \frac{E_{g,Gemisch} \cdot e_{v,B} - E_{v,Gemisch} \cdot e_{g,B}}{e_{g,A} \cdot e_{v,B} - e_{v,A} \cdot e_{g,B}} \tag{20}$$

Die Korrekturgleichungen von ZIMMERMANN und von GIBSON u. EVELYN sind demnach identisch.

Vergleiche zwischen tierexperimentellen und chemischen Verfahren sind vor allem in bezug auf die 17-Ketosteroide durchgeführt worden. Man findet dabei mittels der m-Dinitrobenzolreaktion weit höhere Werte als im biologischen Versuch, bis zu 25mal soviel, ohne daß ein Fehler oder eine Unspezifität vorliegt. Um sich dies

Tabelle 18. *Beziehung zwischen colorimetrischen und tierexperimentellen Werten.*

Stoff	Tatsächliche Harnkonzentration (Beispiel)	Tierexperimentelle Äquivalente	Colorimetrische Äquivalente
	mg/l	iE = mg/l	mg/l
Androsteron	10	100 = 10	10
Dehydroisoandrosteron . . .	3	10 = 1	3,5
Ätiocholan-3(α)ol-17-on . . .	7	0 = 0	etwa 7
Summe mg/l	20	11	etwa 20,5

Tabelle 19. *Fehlerquellen, die bei der Bestimmung der neutralen 17-Ketosteroide und anderer Steroidhormone beachtet werden müssen.*

Analysenstufe	Fehler	Vermeidung des Fehlers
1. Sammlung der Harnproben	a) nicht vollständig b) bakterielle Zersetzungen	Kontrolle des spezifischen Gewichts Zusatz von Säure, Toluol oder anderem
2. Hydrolyse	a) zu kurz	abhängig von Menge, größere Harnmengen müssen längere Zeit als kleine erhitzt werden.
	b) zu niedr. Temp.	80° meist nicht ausreichend, besser 100°
	c) zu intensiv	Auswahl der Methode je nach dem beabsichtigten Ziel: Routineanalyse oder Chromatographie o. a.
3. Extraktion	a) nicht vollständig	im Schütteltrichter möglichst zweimal extrahieren. Bei kontinuierlicher Extraktion Zeit abhängig von Grad der Durchmischung: bei Verteilung durch feinporige Glassinter mindestens 1 Std., sonst länger.
	b) zu wenig Extraktionsmittel	die Menge an Extraktionsmittel möglichst etwa 2—3mal so groß wie Harnmenge.
	c) Verluste durch Emulsionen	Emulsionen möglichst vermeiden durch Verwendung von mehr Lösungsmittel als Harnmenge beträgt und Extraktion nach Alkalisierung.
	d) peroxydhaltige Extraktionsmitt.	Abdestillieren von Äther über Ferrosulfat.
	e) Verunreinigungen durch Gummi, Kork oder durch Schmiermittel	Verwendung von Ganzglasapparaturen und fettfreien Schmiermitteln.
4. Waschen	a) Verluste	quantitativ arbeiten, nachspülen, evtl. Waschwässer zurückextrahieren.
	b) Verunreinigungen durch Alkali oder Wasser	mit Wasser bis zur neutralen Reaktion waschen, über Natriumsulfat trocknen.
5. Harnendextrakt	a) ungeeignetes Lösungsmittel	keinen Sulfitsprit oder aldehydhaltigen Alkohol verwenden. Eventuell Alkohol vorbehandeln.
	b) zu stark gefärbt	Hydrolyse unter Zusatz von Kupfersulfat; cave Klärung mit Kohle.
6. Ansetzen d. Farbreaktion	a) ungeeignete Reagentien: m-Dinitrobenzol	m-Dinitrobenzol fast farblos, F 90,5 bis 91°, feinkrystall. beim Lösen nicht zu hoch erhitzen. Dunkel aufbewahren, nicht zu alt benutzen

Tabelle 19. (Fortsetzung.)

Analysenstufe	Fehler	Vermeidung des Fehlers
	b) Kalilauge	Titer kontrollieren: 2,98—3,02 norm. Leerwert prüfen, darf nicht zu hoch sein.
7. Ablauf der Farbreakt.	a) falsche Temper. d. Wasserbades	Temperatur regelmäßig prüfen: $25 \pm 0,2°$.
	b) atypischer Ablauf der Farbreaktion	Testsubstanzen täglich mitführen, e-Werte dürfen nicht mehr als $\pm 3\%$ schwanken. Parallelversuche ansetzen. Glassachen mit Chromschwefelsäure reinigen.
	c) störende Chromogene	Kompensation der Reagentienfarbe durch Abzug des Leerwertes. Kompensation der Eigenfarbe des Harnextraktes. Extraktion der spezifischen Farbe mit Äther. Benzol oder Chloroform.
8. Messung	a) falscher Zeitpunkt	vorgeschriebene Reaktionsdauer auf die Minute genau einhalten. Bei Reihenversuchen in entsprechenden Zeitabständen ansetzen.
	b) Opalescenz	falsches Alkohol- zu Wasserverhältnis. Schlechte Schmiermittel. Entfernung durch Zentrifugieren. Ätherextrakte durch kleine Filter filtrieren.
	c) Ungleichheit der Lichtstrahlen	Bei Pulfrich-Photometer Cuvetten wechseln und nochmals messen.
	d) ungeeignete Konzentrationen mit zu niedriger oder zu hoher Extinktion	Neu ansetzen, nicht nachträglich verdünnen, da es zu Dissoziationen des Farbkomplexes kommt.
	e) starke Streuung	immer Parallelversuche ansetzen.
9. Berechnung	a) Rechenfehler	Berücksichtigen, daß Konzentrationen und keine Gewichte bestimmt werden. Bei Berechnung Konzentrierungsverhältnis beachten, bei 50 cm³ Harn und 5 cm³ Harnextrakt 1:10. Von mg/% des Extraktes auf mg/l des Harnes umrechnen. Von mg-l des Harnes unter Berücksichtigung der Tagesharnmenge auf Tagesausscheidung umrechnen.

Tabelle 19. (Fortsetzung.)

Analysenstufe	Fehler	Vermeidung des Fehlers
	b) Bei Ablauf der Reaktion bei anderen Temperaturen als 25° Nichtbeachtung dieser Temperat.	Bei der Berechnung andere Extinktionswerte, der jeweiligen Temperatur entsprechend, einsetzen.
10. Auswertung	a) Durchführung nur einer einzigen Untersuchung	Möglichst drei Untersuchungen durchführen, Schwankungen von Tag zu Tag berücksichtigen.
	b) Nichtberücksichtigung von Alter und Geschlecht	Normalwerte für Alter und Geschlecht mit entsprechenden Streuungen berücksichtigen. Bei Einsendungen Alter und Geschlecht angeben.
	c) Nichtberücksichtigung von Witterungsschwankungen	Bei ungewöhnlichen Schwankungen auf meteorologische Situation (antizyklonales oder zyklonales Wetter) achten.
	d) Nichtbeachtung der physiologischen Streuung	Statistische Behandlung mit Berechnung von s_{Diff} bei Vergleichen. Dann nur mindestens 8 tägige Perioden vergleichen.

erklären zu können, muß man sich vergegenwärtigen, daß man im Harn Steroide von ganz unterschiedlicher biologischer Wirksamkeit und chemischer Zusammensetzung findet, ohne daß man aber diese biologisch unwirksamen Abbauprodukte biochemisch vernachlässigen darf. Von den Verbindungen Androsteron, Dehydroandrosteron und Ätiocholanolon, die mit 80—90% den Hauptanteil der neutralen 17-Ketosteroide darstellen, ist Androsteron biologisch nur $^1/_{10}$, Dehydroandrosteron nur $^1/_{30}$ so wirksam wie Testosteron und Ätiocholanolon ist biologisch gänzlich unwirksam. In Kapauneneinheiten ausgedrückt, entspricht also 1 mg Androsteron 10 KE, 1 mg Dehydroandrosteron 3 KE und Ätiocholanolon ist mit 0 in die Rechnung einzusetzen (vgl. HAMILTON 1954; ZARROW 1950).

Bei einem Vergleich verschiedener Modifikationen der m-Dinitrobenzolmethode für 17-Ketosteroide, vor allem der am meisten verbreiteten von CALLOW und von HOLTORFF u. KOCH mit dem Originalverfahren von ZIMMERMANN in einer 1952 verbesserten Arbeitsvorschrift erscheinen die untersuchten Methoden als verhältnismäßig gleichwertig, und die Bevorzugung der einen oder anderen Modifikation mehr von persönlichen Gewohnheiten als von sachlichen Gründen abhängig zu sein. Zugunsten der letzten Arbeitsvorschrift von ZIMMERMANN (1952) wäre allenfalls anzuführen, daß das Arbeiten mit der haltbareren wäßrigen Kalilauge im Routinebetrieb doch einfacher ist als das mit der leicht zersetzlichen absolut-alkoholischen Lauge der CALLOWschen Vorschrift, daß die HOLTORFF-KOCHsche Modifikation um etwa 50% höhere Werte ergibt als die beiden anderen Verfahren, und daß schließlich das Verfahren der Farbstoffextraktion nach ZIMMERMANN Werte ergibt, die keiner chemischen oder rechnerischen Korrektur mehr bedürfen.

Nimmt man an, daß man für eine photometrische Messung einschließlich Auswechseln und Reinigen der Cuvetten und Extraktion des Farbstoffes aus dem Reaktionsgemisch für die nächstfolgende Messung (Methodik von ZIMMERMANN, ANTON u. PONTIUS 1952) 3—5 min benötigt, dann kann man bei Reihenversuchen alle 3—5 min eine neue Farbreaktion ansetzen, bis kurz vor Beginn der ersten Messung dieser Serie. Bei einer Reaktionszeit von 90 min sind demnach bis zu 30 Ansätze möglich, die letzte Messung wird etwa drei Stunden nach dem Ansetzen des ersten Versuches dieser Reihe fertig sein, dabei ist eine Arbeitskraft vollauf beschäftigt. Bei den verschiedenen Modifikationen der m-Dinitrobenzolreaktion ist die Arbeitskapazität trotz verschieden langer Reaktionszeiten praktisch gleich, wie die Tab. 20 zeigt:

Tabelle 20. *Vergleich der Arbeitskapazität bei verschiedenen Modifikationen der m-Dinitrobenzolreaktion.*

	ZIMMERMANN 1935, neue Vorschrift 1952	CALLOW 1938	HOLTORFF-KOCH 1940
Entwicklungszeit in Minuten	90	60	45
Zahl der in dieser Zeit möglichen Ansätze, alle 3 min ein Ansatz	30	20	15
Dafür insgesamt benötigte Zeit in Minuten	180	120	90
Theoretische Höchstleistung an Messungen in 6 Std. . . .	60	60	60

Weiteres Schrifttum zur 17-Ketosteroid-Bestimmung (Auszug) siehe:

BAUMANN u. METZGER (1940) — BIRKET-SMITH (1953) — CALLOW (1938), (1948), (1950) — CONSOLAZIO u. TALBOTT (1940) — ENGSTROM (1948) — ENGSTROM u. MASON (1943) — ESCAMILLA (1949) — FRASER, FORBES, ALBRIGHT, SULKOWITCH u. REIFENSTEIN (1941) — FRIEDGOOD u. WHIDDEN (1939, 1940, 1941) — FRIEDGOOD, TAYLOR u. WRIGHT (1943) — GUINET, PÉTIGNY u. BÉTROUX (1949) — HAMBURGER (1952) — HAMBURGER u. RASCH (1948) — HANSEN, CANTAROW, RAKOFF u. PASCHKIS (1943) — JANSSON (1952) — DE LAAT (1941) — LANDAU (1949) — LANGSTROTH, TALBOT u. FINEMAN (1939) — LANGSTROTH u. TALBOT (1939) — LUFT (1943) — McCULLACH, SCHNEIDER u. EMERY (1940) — MASON u. ENGSTROM

(1950) — MOREAU (1951) — PEARSON u. GLACCONE (1948) PINCUS u.
PEARLMAN (1941) — SAIER, GRAUER u. STARKEY (1943) — SAIER, WARGA
u. GRAUER (1941) — SLOAN u. LOWREY (1951) — SULMAN (1954) — TALBOT,
BERMAN u. MCLACHLAN (1942) — TALBOT u. BUTLER (1942) — TALBOT,
BUTLER u. MCLACHLAN (1940) — TALBOT, BUTLER, MCLACHLAN u. JONES
(1940) — TOMPSETT (1949) — TOMPSETT u. OASTLER (1946) — VESTER-
GAARD (1951) — VIALE (1949) — WILSON u. NATHANSON (1945) — WILSON
u. CARTER (1947) — ZARROW, MUNSON u. SALTER (1950) — RUPPERT (1952).

3. Neutrale alkoholische Steroide.

a) Kolorimetrische Bestimmung von Pregnandiol nach GUTERMAN.

Reagens. Konzentrierte Schwefelsäure p. anal.

Ausführung (nach DIBBELT u. Mitarb.). Der aus acetonischer
Lösung durch Ausfällung mit Wasser oder Natronlauge gewonnene
Pregnandiolniederschlag[1] wird in warmem Äthylalkohol gelöst,
quantitativ in einen Kolben übergeführt und im Wasserbad zur
Trockne gedampft. Nach 20 min langem Trocknen im Vakuumexsiccator wird der Rückstand in 5 cm³ konzentrierter Schwefelsäure gelöst. Unter gelegentlichem Umschütteln entwickelt sich
bei Zimmertemperatur innerhalb 1 Std. eine gelbe Färbung, die
mit Filter S 43 im Pulfrich-Stufenphotometer oder einem entsprechenden Gerät gemessen werden kann. HOYT u. LEVINE (1950)
sammeln den Pregnandiolniederschlag auf einem Glassinterfilter,
waschen mit Aceton und saugen dann konzentrierte Schwefelsäure durch das Filter. Das Filtrat, in Schwefelsäure gelöstes
Pregnandiol, wird unmittelbar in Kolorimetergläsern aufgefangen,
in denen dann anschließend gemessen wird. Da Pregnandiol als
Eichsubstanz schwer beschaffbar ist, wird von EHRLICH, GOMOLKA
u. CEKON (1951a, b) ein Vergleich mit 0,01% Kaliumbichromat-
lösung vorgeschlagen, die in ihrer Intensität einer Lösung von
1 mg Pregnandiol in 10 cm³ konzentrierter Schwefelsäure entsprechen soll. HASLAM u. KLYNE (1952b) empfehlen aus dem
gleichen Grunde das leichter beschaffbare Allopregnan, 3(β),
20(β)-diol als Standard für die Bestimmung von Pregnandiol.
(DIBBELT, HINSBERG u. ESSER, 1952; GUTERMAN, 1944, 1945, 1946;
SOMMERVILLE, MARRIAN u. KELLER, 1948; SOMMERVILLE, GOUGH
u. MARRIAN, 1948; STIMMEL, RANDOLPH u. CONN, 1952; TALBOT,
BERMAN, MCLACHLAN u. WOLFE, 1941).

b) Gravimetrische Bestimmung von Pregnandiol.
Die gravi-
metrische Bestimmung von Pregnandiol kann als Natriumsalz von
Pregnandiol-Glucuronid (VENNING, 1937, 1938; VENNING u.
BROWNE, 1936), als Bariumsalz (WESTPHAL, 1944) oder als freies
Pregnandiol (ASTWOOD u. JONES, 1941) erfolgen.

---

[1] Gewinnung dieses Niederschlags s. Abschnitt B III 2, b) und c), S. 41.

Ausführung. Aus 5 cm³ der acetonischen Lösung (vgl. Abschnitt B III 2, S.41) wird freies Pregnandiol durch tropfenweisen Zusatz von 20 cm³ Wasser und 5 min langes Einstellen in ein kochendes Wasserbad ausgefällt. Man läßt zwei Stunden bei Zimmertemperatur, dann über Nacht im Kühlschrank stehen und saugt den Niederschlag durch einen Glasfiltertiegel ab. Er wird dreimal mit je 5 cm³ eiskaltem Wasser gewaschen, bis zur Gewichtskonstanz getrocknet und gewogen.

c) Bestimmung der gesamten neutralen, alkoholischen Steroide mit Dinitrophthalsäure nach ENGEL.

Reagens. Dinitrophthalsäureanhydrid[1].

Ausführung. Zu dem Trockenrückstand eines gereinigten, neutralen Extraktes aus 100—200 cm³ Harn gibt man 24 mg Dinitrophthalsäureanhydrid, löst beides in 0,2 cm³ Pyridin und erhitzt im Wasserbad 15—30 sec. Nach dem Abkühlen werden 10 cm³ 0,1 n Salzsäure zugesetzt. Die wäßrige Lösung wird mit Äther mehrfach extrahiert, der ätherische Extrakt mit 0,1 n Salzsäure und Wasser gewaschen, dann mit Methanol im Meßkolben auf 50 cm³ aufgefüllt. Hiervon werden 3 cm³ eingedampft, mit 7 cm³ Methylalkohol aufgenommen und mit 3 cm³ 5 n methylalkoholischer Kalilauge versetzt. Die Endkonzentration an Kalilauge soll etwa 1,5 n betragen; die Farbintensität ist sehr alkaliabhängig und verblaßt schnell. Die Extinktion wird bei 510 mμ gemessen und mit einem Standard aus Cholesterin verglichen. Die Messung muß binnen 5 min nach dem Alkalizusatz durchgeführt werden.

Unter der Annahme, daß die meisten wichtigeren Steroide je 17-Ketogruppe eine Alkoholgruppe tragen, wird der in der m-Dinitrobenzol-Reaktion gefundene Wert in Milliäquivalenten ausgedrückt; die so gefundenen ketonischen Alkohole werden von den Gesamt-Alkoholen subtrahiert, wenn man die nicht ketonischen alkoholischen Steroide berechnen will (ENGEL, 1950a; ENGEL u. Mitarb., 1950a).

Andere Möglichkeiten der Bestimmung von alkoholischen, neutralen Steroiden sind in der Veresterung mit *Dinitrobenzoylchlorid* in Gegenwart von Pyridin (KELLIE u. Mitarb, 1953), der gravimetrischen Bestimmung der *Bernsteinsäurehalbester* (PINCUS u. PEARLMAN. 1941a, b; TOMPSETT u. OASTLER, 1948; TOMPSETT, 1949, 1951), der elektrometrischen Titration der *Halbphthalate* (DOBRINER u. Mitarb., 1948a), der gravimetrischen Bestimmung der *Phthalsäureester* (HERRNRING, 1951), und der Anwendung der *Antimontrichloridreaktion* nach PINCUS neben der m-Dinitrobenzolreaktion (Diskussionsbemerkung von PINCUS, 1950) gegeben.

---

[1] *Darstellung von 4,6-Dinitrophthalsäureanhydrid*, siehe Helvet. chim. Acta **6**, 419, 966 (1923).

**d) Bestimmung als Eisensalz der Acethydroxamsäure nach
ENGEL.** Der Trockenrückstand eines fraktionierten, neutralen
Extraktes aus 10 cm³ Harn wird mit Acetanhydrid und Pyridin 1:1
versetzt. Das verschlossene Reagenzglas wird eine Stunde im
Wasserbad erhitzt, dabei werden die Alkoholgruppen der Steroide
acetyliert:

$$(CH_3CO)_2O + HO \cdot Steroid \xrightarrow{Pyridin} CH_3CO \cdot O \cdot Steroid + CH_3COOH$$

Danach wird zur Trockne gedampft, mit Methanol versetzt, um die
letzten Spuren Acetanhydrid zu zerstören, und nochmals zur
Trockne gebracht. Anschließend werden die so gebildeten Essig-
säureester der alkoholischen Steroide mit alkalischer Hydroxyl-
aminlösung unter Bildung von Acethydroxamsäure wieder gespalten:

$$CH_3CO \cdot O \cdot Steroid + NH_2OH \xrightarrow{KOH} CH_3CO \cdot NHOH + HO \cdot Steroid$$

Dazu wird zu dem Rückstand eine frisch hergestellte Lösung von
Hydroxylamin in äthylalkoholischer Kalilauge gegeben und nach
Umschütteln 25 min bei Zimmertemperatur stehengelassen, danach
neutralisiert.

Schließlich wird das gefärbte Eisensalz (Absorptionsmaximum
560 mμ) dieser Acethydroxamsäure gebildet, indem Eisenchlorid
in verdünnter wäßriger Salzsäure gelöst, in einer solchen Menge
hinzugegeben wird, daß die Alkoholendkonzentration nunmehr
40% beträgt:

$$3\,CH_3CO \cdot NHOH + FeCl_3 \xrightarrow{HCl} (CH_3CO \cdot NHO-)_3\,Fe + 3\,HCl.$$

Da die Lösung durch ausfallende Lipoide o. ä. getrübt ist, wird
Äther hinzugefügt. Das farbige Eisensalz ist ätherunlöslich und
bleibt in der wäßrigen Phase, die unmittelbar, ohne Entfernung der
ätherischen Schicht, gemessen werden kann, sofern die Reaktion in
einem für ein Reagenzglascolorimeter kalibrierten Röhrchen angesetzt worden war. Die Messung erfolgt nach 30 min langem Stehen
bei 560 mμ. Von dem Hauptwert wird die Extinktion einer Rea-
gentienleerprobe und einer zweiten Leerprobe aus nichtacetylier-
tem, im übrigen aber gleich behandeltem Harnextrakt abgezogen.
Als Standardsubstanz dient Cholesterinacetat.

Diese Methode soll zwar nicht so empfindlich wie die Dini-
trophthalat- und die Dinitrobenzoatmethode sein, dafür aber einfacher und schneller auszuführen, so daß eine Bestimmung etwa
drei Stunden benötigt und bis zu 30 Doppelbestimmungen an einem
Arbeitstag durchführbar sein sollen.

Bestimmung von *Progesteron* durch UV-Spektrographie s. Abschnitt C III 2 und PEARLMAN (1954).

4. Corticoide.

Da die Corticoide mehrere labile und sehr funktionstüchtige
Gruppierungen tragen, ergeben sich verschiedene Möglichkeiten,
sie quantitativ zu bestimmen; aber diese Labilität bedingt auch die
methodischen Schwierigkeiten: Unterbestimmung durch teilweise
Zerstörung, Überbestimmung durch interferierende Stoffe, die ähnlich reagieren. Die folgende Tab. 20 gibt eine Übersicht über die
verschiedenen zur Zeit ausgenutzten Methoden und ihr chemisches
Substrat meist am Beispiel der Compound F (17-Hydroxy-cortico-
steron), nach HAINES (1952) modifiziert und ergänzt:

Tabelle 21. *Übersicht über prinzipielle Möglichkeiten der Bestimmung von Corticoiden.*

Verfahren	Formelschema	Erfaßte Gruppierung
1. Formaldehydabspaltung (ohne Säurehydrolyse)	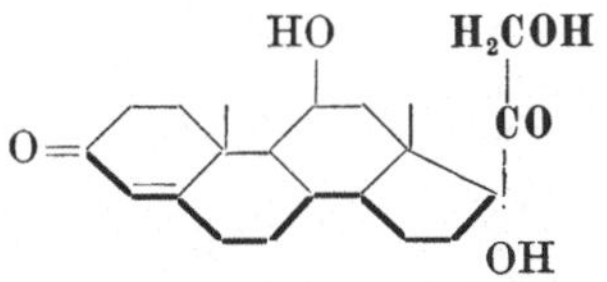 HO H₂COH / CO / OH	Ketolseitenkette und Glykolseitenkette, mit oder ohne 17-Hydroxylgruppe
2. Formaldehydabspaltung (mit Säurehydrolyse)	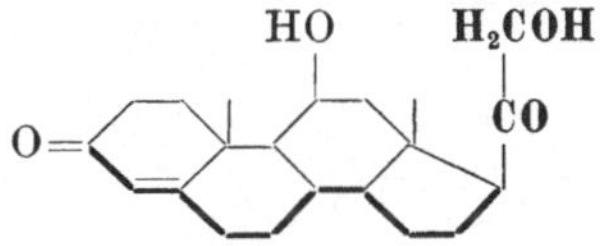 HO H₂COH / CO	Ketolseitenkette und Glykolseitenkette, aber nur bei Abwesenheit einer 17-Hydroxyl gruppe
3. Acetatabspaltung	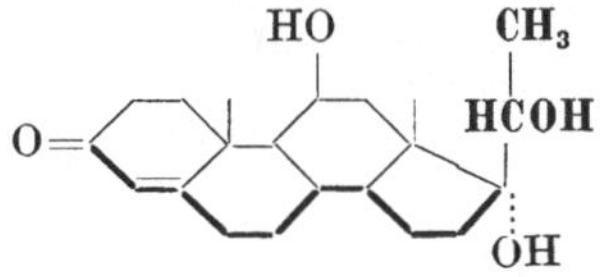 HO CH₃ / HCOH / OH	21-Methyl-20-Hydroxy-Pregnanderivate
4. Phenylhydrazonbildung	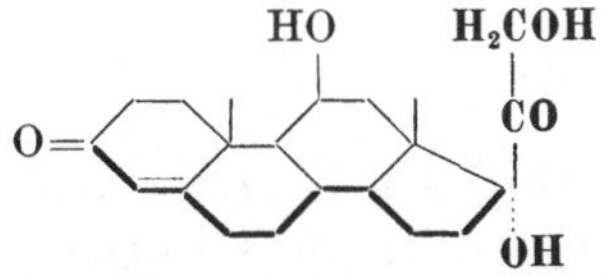 HO H₂COH / CO / OH	Oxyacetonseitenkette, d. h. 17-Hydroxy-Corticosteroide
5. Reduktionsverfahren	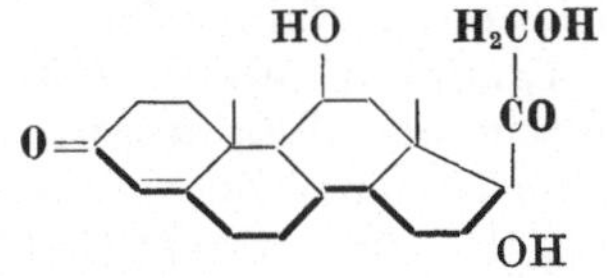 HO H₂COH / CO / OH	a) Ketolgruppe (auch innerhalb eines Ringes, wie bei Cholestan-2 (α) ol, 3-on b) α-ungesättigte Ketogruppe

Anmerkung bei der Korrektur: Bei den im folgenden geschilderten chemischen Corticoid-Bestimmungsmethoden werden oft nur etwa 1% der
zugeführten Corticosteroide im Harn wiederaufgefunden, mit Ausnahme der
17-ketogenen Steroide, bei denen nach eigenen Beobachtungen bis zu 50%
wiedergefunden werden können. Da aber bei Gaben von 4-C¹⁴-Hydrocortison ³/₄
der zugeführten Radioaktivität nach 1 Tag bzw. ⁴/₅ in 3 Tagen im Harn
nachweisbar sind, kommen HELMAN u. Mitarb. (1954) zu dem Schluß, daß
solche chemischen Corticoidbestimmungsmethoden ungenügend sind.

Tabelle 21. (Fortsetzung.)

Verfahren	Formelschema	erfaßte Gruppierung
6. 17-Ketosteroidbildung bei milder Oxydation	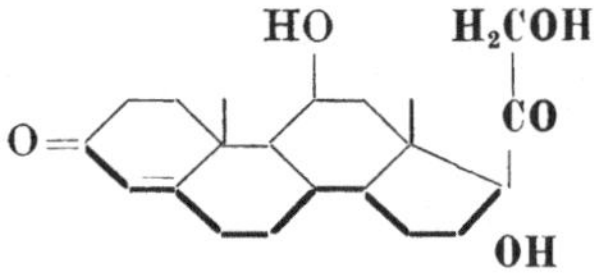	17-Hydroxy-Corticosteroide
7. Ultraviolettabsorption bei 240 mμ	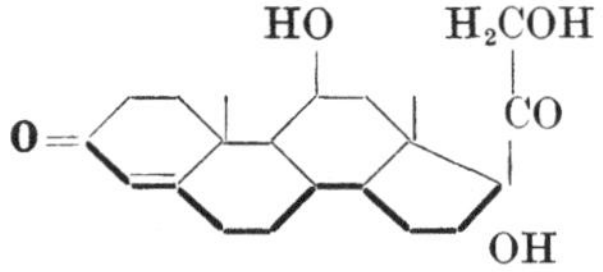	α-ungesättigte Ketogruppe
8. Infrarotabsorptionsspektrum	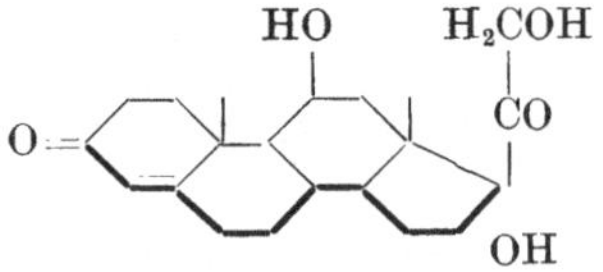	Gesamtmolekül
9. Optische Drehung	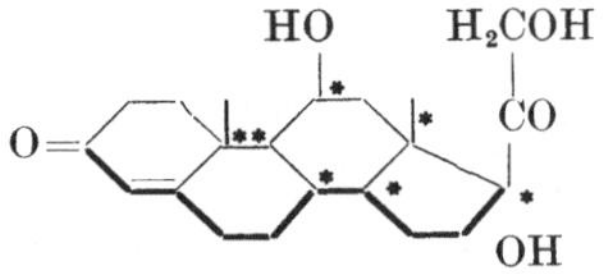	Gesamtmolekül mit 7 optisch aktiven C-Atomen
10. Rattenleberglykogentest	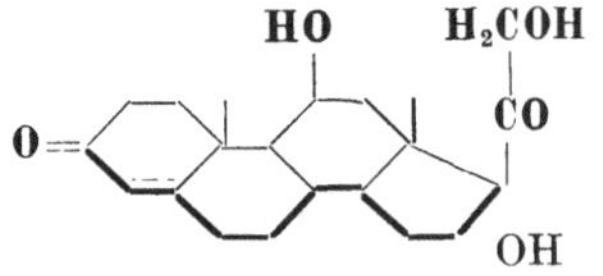	Das für Glucocorticoide typische gleichzeitige Vorhandensein von Ketolseitenkette, α-ungesättigter Ketogruppe und Hydroxylgruppe an C-11

a) Bestimmung der Corticoide durch Reduktionsverfahren. Die
starke reduzierende Wirkung der für Corticoide typischen Ketolseitenkette wird von mehreren Verfahren für die Bestimmung der
Corticoide ausgenutzt. TALBOT u. Mitarb. (1945) verwenden alkalische Kupfersulfatlösung als Maß, ASHBY (1949) alkalische
Ferricyanidlösung entsprechend der Zuckerbestimmungsmethode
von HAGEDORN u. JENSEN; HEARD u. SOBEL (1946), HEARD, SOBEL
u. VENNING (1946) führten Phosphormolybdänsäure als Reagens
zur Corticoidbestimmung ein. Das Molybdänblau-Verfahren wird
auch von SPRECHLER (1950) nach Reinigung der Corticoide über
GIRARD-Verbindungen und von STAUDINGER u. SCHMEISSER (1948.
1950) angewandt. wobei die letzteren die Methode durch eine

Doppelmessung mit und ohne Zerstörung der Ketolseitenkette durch Alkali spezifischer gestalten, s. a. PFEFFER u. STAUDINGER (1952).

Verfahren von STAUDINGER *u.* SCHMEISSER *Reagens:* a) 14 g Molybdänoxyd MoO_3 p. a., 8,0 g NaOH p. a., 50 cm^3 Wasser. b) 32 cm^3 85% Phosphorsäure $+$ 18 cm^3 45% Schwefelsäure p. anal. Unmittelbar vor dem Gebrauch wird ein Teil a) mit 4 Teilen b) gemischt.

Ausführung: Der nach Abschnitt B III 1a, S.38 erhaltene Chloroformextrakt aus Harn wird im Meßkolben auf ein bestimmtes Maß aufgefüllt und genau halbiert; beide Hälften werden in schwachem Vakuum bei 40—50° C eingedampft. Eine Hälfte wird nun mit 2 cm^3 n/10 Natronlauge versetzt und 1 Std. im siedenden Wasserbad erhitzt, dann mit n/10 Essigsäure genau neutralisiert. Das neutralisierte Gemisch wird auf dem Wasserbad unter schwachem Vakuum oder unter Durchsaugen von filtrierter Luft schonend zur Trockne gebracht. Beide Hälften, der zerstörte und der unzerstörte Rückstand, werden in 4 cm^3 Eisessig quantitativ aufgenommen, mit je 0,5 cm^3 Molybdän-Phosphorsäure-Reagens versetzt und mindestens eine Stunde im siedenden Wasserbad gehalten. Mit Eisessig wird auf 5 cm^3 aufgefüllt, notfalls Trübungen durch ein kleines Filter abfiltriert. Die Differenz der Extinktionen von zerstörter und unzerstörter Probe wird dann mit dem Filterschwerpunkt bei 720 $m\mu$ photometriert und mit der Extinktion von Vergleichslösungen aus Desoxycorticosteronacetat verglichen. Bei der Berechnung ist zu berücksichtigen, daß nur die Hälfte der extrahierten Harnmenge zur Messung gelangt, da der Extrakt aus der anderen Hälfte zur Kompensation dient.

b) Bestimmung der Corticoide durch Formaldehydabspaltung (Oxydationsverfahren). *Prinzip.* Bei der Behandlung von Corticosteroiden mit Überjodsäure wird die Ketolseitenkette unabhängig davon, ob sich an C-17 neben der Seitenkette noch eine Hydroxylgruppe oder nicht befindet, unter Bildung von einem Molekül Formaldehyd je Corticoidmolekül aboxydiert. Formel:

$$O=\ \text{[Steroidgerüst mit } H_2COH-CO-OH\text{]} \xrightarrow{HJO_4} O=\ \text{[Steroidgerüst mit } COOH, OH\text{]} + HC\!\!\begin{array}{c}H\\\diagdown\\O\end{array}$$

Aus der gebildeten Formaldehydmenge kann man durch Multiplikation mit 11,5 die Menge an Corticoiden berechnen (MASON, 1951). Zur Formaldehydbestimmung dient die von der Mannitbestimmung her bekannte Chromotropsäure (1,8-Dihydroxy-naphthalin, 3.6-disulfosäure). Die Überjodsäure-Oxydation der Corticoide wurde zuerst von TALBOT u. EITINGON (1944) angewandt, die aber nicht Formaldehyd, sondern gebildete 17-Ketosteroide erfassen wollten. Die Formaldehydabspaltung der Reaktion nutzten dann LÖWENSTEIN, CORCORAN u. PAGE (1946) aus (s. a. CORCORAN u. PAGE, 1948). Das Verfahren wurde dann von DAUGHADAY, JAFFE u. WILLIAMS (1948) weiterentwickelt. Nach COURCY u. GRAY (1953) sollen nur etwa 30% der gefundenen „Corticoide" spezifische Corticosteroide sein. TOMPSETT (1953) empfiehlt das Verfahren nach Hydrolyse mit heißer Mineralsäure, dabei sollen 17-Hydroxy-Corticoide zerstört werden, aber Corticoide ohne 17-Hydroxy-Gruppe wie Corticosteron und Desoxycorticosteron stabil sein (Kritik s. MARRIAN, 1954).

Formaldehyd-Reagens nach McFADYEN: 4 cm³ einer wäßrigen 5%igen Stammlösung von Chromotropsäure werden mit 15 m = 80%iger Schwefelsäure auf 100 cm³ aufgefüllt und frisch verwendet.

Ausführung nach DAUGHADAY u. *Mitarb.* 4 cm³ eines wäßrigen, die Corticoide enthaltenden Extraktes — oder, wenn die Corticoide in Benzol- oder Chloroformlösung anfallen, der in 0,5 cm³ Eisessig aufgenommene und mit Wasser verdünnte Trockenrückstand dieser Extrakte[1] — werden mit 2 cm³ einer 0,01 m Kaliumperjodatlösung in 0,15 m Schwefelsäure 45 min lang bei Zimmertemperatur oxydiert (nach LORENZINI, 1952 sollen diese Oxydationsbedingungen aber nur für freie Corticoide optimal sein, und für veresterte bei 80—100° C besser verlaufen). In der gleichen Weise wird eine Leerprobe mit destilliertem Wasser angesetzt. Der Ablauf der Oxydation wird dann durch Zugabe von 1 cm³ einer Lösung von 6 g Zinnchlorür $SnCl_2$ in 10% Salzsäure unterbrochen; es bildet sich dabei ein weißer Niederschlag. Mit 5 m Schwefelsäure wird auf 10 cm³ aufgefüllt und über einen absteigenden Kühler mit Vorlage (analog dem Vorgehen bei der Rest-N-Bestimmung nach KJELDAHL) über einem Mikrobrenner abdestilliert, bis die Hälfte des Volumens übergegangen ist. Das Ende des Kühlers soll dabei in eine graduierte Vorlage tauchen, die mit 1 cm³ einer frischen 4%igen Natriumsulfitlösung in 1%igem Äthylalkohol beschickt ist. Die Vorlage wird dann mit destilliertem Wasser auf 6 cm³ aufgefüllt. 3 cm³ des Destillates werden mit 5 cm³ frisch bereitetem Chromotropsäure-Reagens versetzt und 30 min im siedenden Wasserbad erhitzt. Es wird dann auf Zimmertemperatur abgekühlt, mit 9 n Schwefelsäure auf 10 cm³ aufgefüllt und die Extinktion bei 550 mμ gegen eine gleich behandelte Leerprobe gemessen.

---

[1] Gewinnung dieses Extraktes s. Abschnitt B III 1 b) und c), S. 39.

Es ist zu beachten, daß Tompsett (1953) für die Bestimmung der säurestabilen Corticoide einige Abänderungen vorschrieb: Hydrolyse und Oxydation erfolgten in einem Arbeitsgang, die Oxydation wurde nicht durch Zinnchlorür unterbrochen, und die Destillation des gebildeten Formaldehyds mußte sofort, ohne zu warten. erfolgen.

1954 haben Tompsett u. Smith aber diese Vorschrift wieder geändert und weitgehend an die Ausführung von Daughaday angeglichen. Normalwerte nach Tompsett 4,5 bis 7,5 mg/Tag.

Rabinovitsch u. Mitarb. (1951) vermeiden die Formaldehyd-Destillation durch Fällung des Überschusses an Perjodat mit Silbersalz. Diese Empfehlung wurde von Langecker (1952) nachgeprüft, aber nicht bestätigt; die Autorin empfiehlt statt dessen wie auch Henley u. Porter (1952) eine isotherme Destillation, und zwar an Stelle von Conway-Gefäßen in Widmark-Kölbchen.

Vorschrift nach Langecker *(1952).* Der die Corticoide enthaltende Trockenrückstand wird in 0,1 cm³ Eisessig gelöst; nach Zugabe von 0,5 cm³ 0,03 molarer Kaliumperjodatlösung in 0,5 n Schwefelsäure läßt man das Reagenzglas eine Stunde bei Zimmertemperatur stehen. Danach werden das unverbrauchte Perjodat-Reagens mit 0,4 cm³ 2,2%iger Natriumsulfitlösung reduziert, die Jodbräunung muß dabei verschwinden. Anschließend werden 1,0 cm³ 0,3%ige Silbersulfatlösung zugefügt, unter kräftigem Schütteln ballt sich das Silberjodid zusammen. Von der überstehenden Lösung werden 1,0 cm³ in das innere Glasschälchen des Widmark-Kolbens pipettiert; in dem Kolben selber befinden sich 10 cm³ einer frisch hergestellten 20 mg-%igen Chromotropsäure in 15 m Schwefelsäure. Die Kölbchen werden zwölf Stunden bei 60° C gehalten, danach wird photometriert.

Als Eichsubstanz wird anstelle der teuren reinen Nebennierenrindenhormone und des flüchtigen Formaldehyds von Pontius u. Zimmermann (1954) die Verwendung von Mannit vorgeschlagen. das bei der Oxydation mit Perjodsäure pro Mol 2 Mol Formaldehyd bildet. Es entsprechen dabei 1 Teil Mannit 3,96 Teilen Cortison:

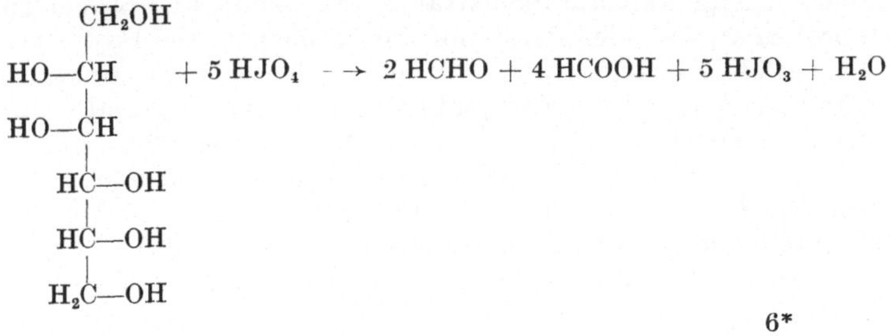

$$\mathrm{HO{-}CH} \quad + 5\,HJO_4 \;-\!\!\rightarrow\; 2\,HCHO + 4\,HCOOH + 5\,HJO_3 + H_2O$$

$$\begin{aligned}
&CH_2OH\\
&|\\
HO-&CH\\
&|\\
HO-&CH\\
&|\\
H&C-OH\\
&|\\
H&C-OH\\
&|\\
H_2&C-OH
\end{aligned}$$

Bei der Formaldehydabspaltungsmethode ist zu beachten, daß aus Traubenzucker und anderen Hexosen sowie Zuckeralkoholen (Mannit!) in gleicher Weise wie aus Corticoiden Formaldehyd gebildet und von dem Chromotropsäurereagens erfaßt wird. (Vgl. KLEIN u. WEISSMAN, 1953.) Bei der Perjodsäure-Oxydation abgespaltenes Acetaldehyd kann nach COX (1952) mit 4-Hydroxy-Diphenyl bestimmt werden.

c) Bestimmung der Corticoide mit Phenylhydrazin nach PORTER u. SILBER.

Reagens. 65 mg Phenylhydrazin-hydrochlorid in 100 cm³ 60 %iger Schwefelsäure (310 cm³ konzentrierte Schwefelsäure + 190 cm³ destilliertes Wasser), bei 0—4° C eine Woche haltbar.

Ausführung der Reaktion nach SCHREIER, KADELIS u. ZARSKA (1952). Der die Corticoide enthaltende Chloroformauszug aus etwa 5—20 cm³ Harn wird im Meßkolben auf ein bestimmtes Maß gebracht und genau halbiert; beide Hälften werden sodann in schwachem Vakuum unter 50° C schonend zur Trockne gebracht. Beide Rückstände werden in je 1 cm³ Methanol aufgenommen und a) mit 8 cm³ frisch bereitetem Reagens, b) mit 8 cm³ 60 %iger Schwefelsäure versetzt. Die Mischungen werden 20 min lang in einem Wasserbad von $60 \pm 1°$ C gehalten, nach Abkühlung unter fließendem Wasser zentrifugiert und bei 410—420 mμ photometriert. Verglichen wird mit Eichkurven aus bekannten Cortisonmengen zwischen 0,5 und 10 γ, weil die Eichkurve nur in diesem Bereich eine Gerade darstellt. Zur Korrektur der Werte wird zusätzliche Messung bei 370 mμ und 450 mμ und Anwendung der ALLENschen (1950) Formel empfohlen:

$$Ext_{korrigiert} = E_{410} - \frac{E_{370} + E_{450}}{2} \; .$$

(CARROL, ALPINE u. NOBLE, 1951; KRUPP, ENGLEMANN, WELSH u. WRENN, 1952; NELSON, SAMUELS, WILLARDSON u. TYLER, 1951; NELSON u. SAMUELS, 1952; PORTER u. SILBER, 1950; SCHREIER u. MÜLLER, 1952; VESTERGAARD, 1953; MARKS u. LEFTIN 1954.)

REDDY, JENKINS u. THORN (1952) empfehlen, die PORTER-SILBER-Methode auf Butanolextrakte aus nicht hydrolysierten Harnproben anzuwenden, da damit die problematische Hydrolyse der Corticoide umgangen wird. Dabei werden je 1 cm³ Butanolextrakt aus Harn (A_1), 1 cm³ Butanol-Leerprobe (A_2) und 1 cm³ Cortisonstandard (A_3) mit je 4 cm³ Reagens nach PORTER u. SILBER bzw. mit je 4 cm³ 60 %iger Schwefelsäure (entsprechende Leerproben B_1, B_2 und B_3) versetzt. Farbentwicklung wie bei der Originalmethode. Korrigierte optische Dichte ($A_1 - B_1$) — ($A_2 - B_2$). SMITH JR., MELLINGER u. PATH (1954) prüften dies nach und fanden, daß Handels-Butanol zu hohe unspezifische Färbungen ergibt. Butanol muß daher redestilliert werden, wobei nur die bei 116—117° C siedende Fraktion benutzt werden soll. Außerdem wurde die Schwefelsäurekonzentration herabgesetzt und dafür die Entwicklungszeit verlängert. Die Autoren halten die Gemische aus 1 cm³ Butanolextrakt und 4 cm³ PORTER-SILBER-Reagens im Eisbad, bis alle Proben vorbereitet sind, geben dann alle gleichzeitig 42 min lang in ein 60° C warmes Wasserbad, kühlen anschließend 5 min im Eisbad und lesen die Extinktion ab.

Die Normalwerte der Methode liegen bei 5,8 (2,9—12,0) mg pro 24 Std. bei Männern und 3,8 (1,1—8,6) mg/24 Std. bei Frauen.

Ein der PORTER-SILBER-Reaktion entsprechendes Verfahren wurde von GORNALL u. McDONALD (1953) ausgearbeitet, die 2,4-Dinitrophenylhydrazin benutzen, das in methylalkoholischer, salzsaurer Lösung durch 90 min lange Erwärmung auf 60° C mit 17-Hydroxy-corticoiden kondensiert wird; beim anschließenden Alkalisieren entwickelt sich eine braunrote Färbung, die bei 475 mμ gemessen wird. 17-Ketosteroide reagieren nur schwach.

d) Bestimmung der 17-ketogenen Steroide. Die 17-Hydroxy-Corticosteroide können im Gegensatz zu Corticosteroiden ohne 17-Hydroxylgruppe leicht zu 17-Ketosteroiden oxydiert werden. Dies wurde zuerst von TALBOT u. EITINGON (1944) durch Oxydation mittels Überjodsäure ausgenutzt (s. o.), ohne daß aber das Verfahren weitere Anwendung gefunden hätte. BROOKS u. NORYMBERSKI (1952), NORYMBERSKI (1952, 1953) und WEST (1952) zeigten dann aber, daß Corticoide mit den Seitenketten CH_3—CHOH—COH< und CH_2OH—CO—COH< mittels Natriumwismutat $NaBiO_3$ gut oxydiert und als 17-Ketosteroide in üblicher Weise bestimmt werden können. Der Harn wird dazu insgesamt noch vor der Hydrolyse oxydiert, indem z. B. 2 cm³ Harn mit 0,5 g $NaBiO_3$ und 2 cm³ Eisessig versetzt und 30 min lang unter Vermeidung von direktem Lichteinfall geschüttelt werden. Nach 24stündigem Stehen wird die Reaktion durch Zusatz von 1 cm³ 30%igem Natriumbisulfit abgestoppt. Danach wird mit Wasser verdünnt, konz. Salzsäure zugesetzt und wie üblich hydrolysiert, extrahiert, fraktioniert und colorimetriert[1]. Man bestimmt so die gesamten aus 17-Hydroxycorticoiden neu gebildeten 17-Ketosteroide und die primär bereits vorhandenen Ketosteroide. Indem man von der Gesamtmenge die Menge der primär bereits vorhandenen 17-Ketosteroide abzieht, erhält man die Menge der sog. ketogenen Steroide; sie werden von normalen, jungen Männern in der Größenordnung von 10—15 mg/24 Std. ausgeschieden.

---

[1] Vgl. Abschnitt C II 2c), S. 63 ff.

III. Bestimmung der Steroidhormone mit physikalischen Methoden.

1. Polarographische Bestimmung von 17-Ketosteroiden.

Unmittelbar bestimmbar sind die α, β-ungesättigten Ketone (WOLFE, HERSHBERG u. FIESER, 1940). Zur Erfassung von neutralen 17-Ketosteroiden müssen diese zuerst mit GIRARDs Reagens-T in ihre Hydrazone übergeführt werden. Die Hydrazone werden dann im Stickstoffstrom polarographisch reduziert. Bezüglich Einzelheiten muß auf die Originalarbeiten verwiesen werden (BARNETT u. Mitarb., 1946a, b, c; BUTT u. Mitarb., 1948. 1951; EISENBRAND u. PICHLER, 1939; HERSHBERG u. Mitarb.. 1940, 1941; MORRIS, 1948). Zur Kritik polarographischer Steroidbestimmungen weist ENGEL (1954b) darauf hin, daß 20-Ketosteroide stören, wenn sie nicht entfernt werden, und daß eine der größten Schwierigkeiten die Herstellung geeigneter Reagentien sei. Er empfiehlt, die Essigsäure durch Propionsäure zu ersetzen.

2. Bestimmung von Steroiden durch Ultraviolettspektrographie.

Die UV-Spektroskopie umfaßt den Bereich jenseits des sichtbaren violetten Lichtes, also etwa ab 400 mμ, bis zur Wellenlänge von etwa 215 mμ. Da Wasser, Äthylalkohol. Dioxan, Heptan u. a. in diesem Bereich nicht absorbieren, können sie als Lösungsmittel verwendet werden, ohne die Messungen zu stören. Auch die einfache Äthylendoppelbindung fällt aus dem meßbaren Bereich noch heraus. Erst die Ketogruppe zeigt sich an einer schwachen Absorptionsbande zwischen 270 und 280 mμ. Zwei konjugierte Doppelbindungen (C$=$C$-$C$=$C oder C$=$C$-$C$=$O) bewirken dagegen eine bis zu fast tausendfach stärkere Lichtabsorption, die bei α, β-ungesättigten Ketonen ihr Maximum bei 220—260 mμ hat. Je nachdem dabei ein, zwei oder drei Substituenten die H-Atome ersetzt haben, verschiebt sich das Maximum von 225 $\pm$ 5 mμ über 239 $\pm$ 5 mμ nach 254 $\pm$ 5 mμ (WOODWARDsche Regel 1941). Das Eintreten einer dritten konjugierten Doppelbindung treibt das Absorptionsmaximum noch weiter zur Grenze des Sichtbaren hin (Maximum bei 260—300 mμ). Schwach absorbierende

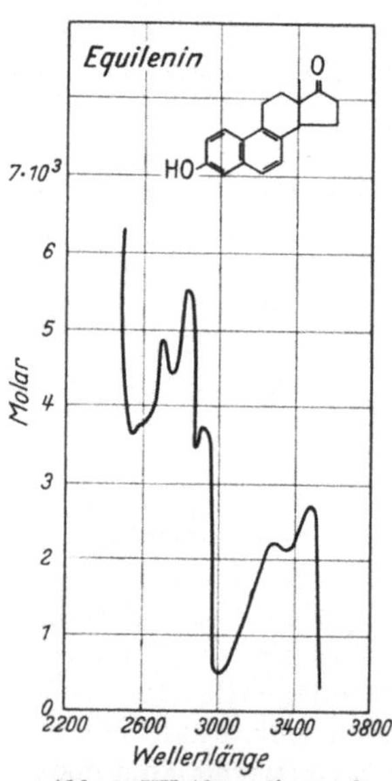

Abb. 9. UV-Absorptionsspektrum von Equilenin. Nach JONES: Recent Progr. in Hormone Res. 2, 14 (1948).

Ketosteroide können durch Überführung in geeignete Derivate. z. B. Thiosemicarbazone mit starker UV-Absorption bestimmt werden (PEARLMAN. 1954). Ein besonders charakteristisches Spektrum besitzt Equilenin mit seinen fünf konjugierten Doppelbindungen (DANNENBERG u. PREUSS, 1939; JONES, 1948; WOODWARD, 1941).

Die UV-Absorptionskurven von Oestron, Oestriol und Oestradiol in alkoholischer Lösung sind sich im Bereich von 226—300 mμ sehr ähnlich. Die Extinktion im Maximum der Absorptionskurve bei 280 mμ ist zwar bei diesen drei Oestrogenen je Gewichtseinheit verschieden groß, aber jeweils der Konzentration proportional. Quantitative Bestimmungen der Oestrogene durch UV-Spektrographie sind demnach nur möglich, wenn die drei Oestrogene vorher getrennt worden sind (FRIEDGOOD u. GARST, 1948).

Das Absorptionsmaximum der α,β-ungesättigten 3-Ketogruppe bei 240 mμ kann zur Bestimmung von Testosteron (WEST u. Mitarb., 1951) und Progesteron (PEARLMAN, 1954) im Blut sowie von Corticoiden im Papierchromatogramm (HÜBENER, HOFFMANN u. BODE, 1952) herangezogen werden (s. auch FIESER u. FIESER, 1949). Bezüglich der Fehlerquellen s. PEARLMAN (1954).

3. Bestimmung von Steroiden durch Ultrarotspektrographie.

Da es kein Lösungsmittel gibt, das im ultraroten Gebiet überhaupt nicht absorbiert, muß man es jeweils nach dem zu untersuchenden Bereich auswählen. Schwefelkohlenstoff und Tetrachlorkohlenstoff. die zwar relativ wenig Absorptionsbanden aufweisen, sind indes schlechte Lösungsmittel für Steroide. Die Spektrographen umfassen den Bereich von etwa 2—14 μ. Der Wellenlängenbereich von 7.4—14 μ umfaßt die sog. „Fingerabdruckregion". weil die Absorptionskurven in diesem Bereich für jedes Steroid so charakteristisch sind, daß man die jeweils vorliegende Verbindung wie einen Menschen an seinem Fingerabdruck daran erkennen kann. Während man bei Hydroxylgruppen nur die Anwesenheit als solche an der charakteristischen Absorptionsbande bei 2.7—3.2 μ erkennen kann, ist es bei Karbonylgruppen anhand von kleinen Verschiebungen des Absorptionsmaximums (5.4—6.3 μ) sogar möglich zu sagen, ob die Carbonylgruppe an C_3. C_{17} oder C_{20} sitzt, ob sie mit Doppelbindungen konjugiert ist oder nicht. Methylgruppen absorbieren maximal bei 7.1—7.2 μ. Die Ultrarotspektrographie ist daher für die Identifizierung von Harnsteroiden. z. B. nach chromatographischer Trennung. äußerst wertvoll (DOBRINER. LIEBERMAN, RHOADS. JONES, WILLIAMS u. BARNES. 1948; JONES. 1948). Nachteilig ist. daß man relativ große Substanzmengen benötigt. SCHIEDT u. RESTLE (1954) gelang jedoch die Aufnahme eines Infrarotspektrums schon mit etwa 100 μ Substanz, indem sie eine ätherische Lösung der zu prüfenden Substanz auf Kaliumbromid auftrockneten und diese ganze Masse unter starkem Druck zu kleinen Scheibchen preßten, die in den Strahlengang des Spektrometers gebracht wurden. Diese Methode hat sich bei der Identifizierung von Steroiden bewährt.

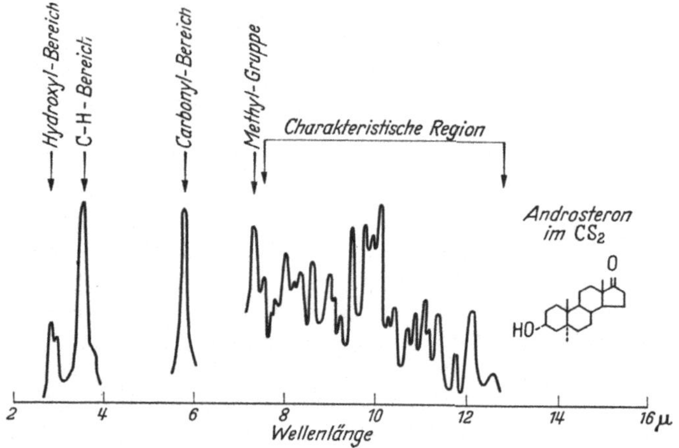

Abb. 10. Infrarotspektrum von Androsteron in Schwefelkohlenstoff. Nach JONES: Recent Progr. in Hormone Res. 2, 16 (1948).

D. Normalausscheidung von Steroidhormonen.

Die Ausscheidung von Endprodukten des Steroidstoffwechsels ist relativ konstant. Bei den verschiedenartigsten klinischen Diagnosen findet man meistens Werte innerhalb der normalen Schwankungsbreite, selbst wenn endokrinologische Störungen vermutet werden. Es muß schon tatsächlich eine Über- oder Unterfunktion der Nebennierenrinde oder der ihr übergeordneten Zentren in Hypophyse und Zwischenhirn mit einer tiefgreifenden Änderung des Steroidstoffwechsels oder eine durch Leber- oder Nierenerkrankung verursachte Abbaustörung vorliegen, ehe Abweichungen von der Norm auftreten (vgl. ZIMMERMANN, 1951a).

Anderseits ist aber diese normale Variationsbreite verhältnismäßig groß. Wir kennen die Verschiedenheiten in der Höhe der Hormonausscheidungen bei Männern und bei Frauen; diejenige der Frauen beträgt im geschlechtsreifen Alter nur etwa $^2/_3$ der Ausscheidung bei Männern, und man nimmt an, daß dieses Mehr

der Produktion den Testes zuzuschreiben ist. Wir sehen, wie die
Ausscheidung von 17-Ketosteroiden, Dehydroisoandrosteron und
von Corticoiden von der Geburt bis zur Pubertät ohne wesentliche
Unterschiede zwischen beiden Geschlechtern ansteigt, dann aber
bei den Ketosteroiden bei Männern schneller als bei Frauen zu-
nimmt. Das Maximum der Ausscheidung ist etwa vom 25. bis zum
30. Lebensjahr bei beiden Geschlechtern erreicht, dann sinkt sie
langsam ab, um sich bei beiden Geschlechtern im Alter wieder
anzugleichen.

Schrifttum zur 17-Ketosteroidausscheidung bei Kindern. BON-
GIOVANNI, 1951; DAY, 1948; HAIN, 1947; NATHANSON u. Mitarb.,
1939, 1941; PHILIPP u. SOETBEER, 1951; READ u. Mitarb., 1950;
SCHWENK u. SCHWENK, 1952; STRÖDER, 1952; TALBOT u. a.,
1943b; ZANDER, 1953.

Zur 17-Ketosteroidausscheidung bei Erwachsenen. ABDERHALDEN
u. ABDERHALDEN, 1953; BALASSI u. RICCA, 1951; CERESA u.
RUBINO, 1951; CIOFFARI u. COSSANDI, 1950; DOBRINER u. Mitarb.,
1942; ENGEL u. Mitarb., 1941; FERRARIS, 1952; GAVACK, 1951;
HAMBURGER, 1948; HAMILTON, 1947; HAMILTON u. HAMILTON,
1948; HELLER u. Mitarb., 1951; HOHLWEG, 1944; HOLTORFF u.
KOCH, 1940; KENIGSBERG u. Mitarb., 1949; KIRK, 1949; KOWA-
LEWSKI, 1950a; MORGANO u. LIVIERATO, 1950; NEUKOMM, 1950,
1951; PUCK u. Mitarb., 1952; ROBINSON, 1948; ROBINSON u.
GOULDEN, 1949; TALBOT u. Mitarb., 1942, 1943b; VENNING u.
BROWNE, 1949; VIALE u. Mitarb., 1949; ZIMMERMANN, 1951a.

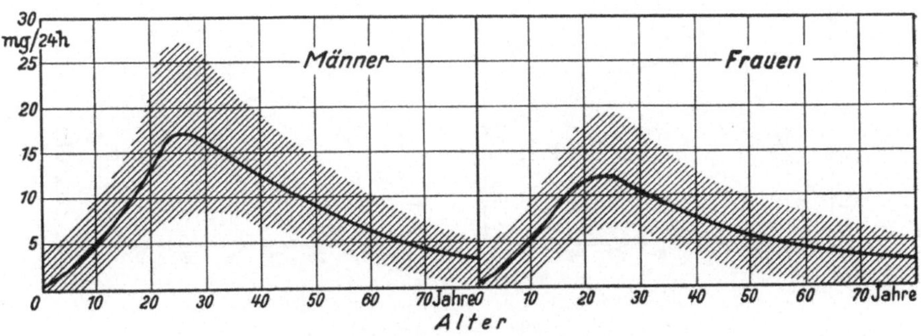

Abb. 11. Mittelwerte und Streuung der 17-Ketosteroide in Abhängigkeit von Alter und
Geschlecht (nach eigenen Ergebnissen).

Zur Corticoidausscheidung. ABDERHALDEN u. ABDERHALDEN,
1953; CERESA u. GIANNINI, 1950; CORCORAN u. Mitarb., 1950;
GAVACK, 1951; KING u. MASON, 1950; SPRECHLER, 1949, 1951;
STAEMMLER, 1952; TALBOT u. Mitarb., 1951.

Es sind darüber hinaus Schwankungen im Verlaufe eines Tages mit einem nächtlichen Minimum und zwei Tageshöchstpunkten von METZ u. SCHWARTZ (1949) beschrieben worden. Siehe auch PINCUS u. Mitarb. (1943b, 1948) und BACHMAN u. Mitarb. (1941).

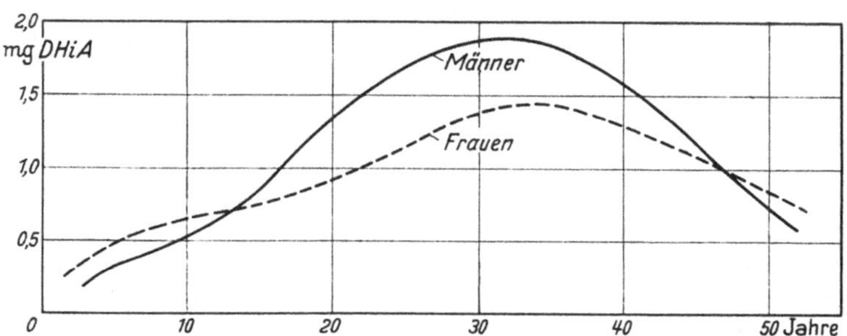

Abb. 12. Dehydroisoandrosteronausscheidung in verschiedenen Lebensaltern. Nach WEISS-BECKER: Freiburger Symposion Hypophyse - Nebennierenrinde, Springer - Verlag 1953.

Man sieht schließlich Schwankungen der Ausscheidung von Tag zu Tag. MILLER, MICKELSEN u. KEYS (1947) gaben bei Beobachtungen einzelner Personen über ein Jahr hinweg eine Streuung von 5,5% an; es wurden dabei bei zwölf Männern je

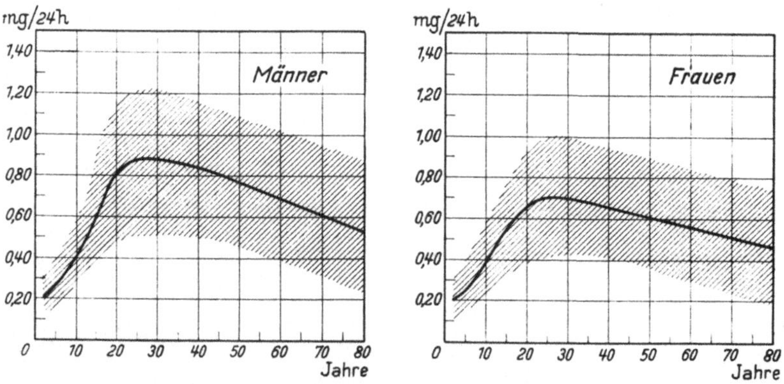

Abb. 13. Corticoide nach Alter und Geschlecht. Nach SPRECHLER: Acta endocrinol. 7, 330 (1951).

zwei bis fünf Proben innerhalb dieses Jahres analysiert. FRASER u. Mitarb. (1941) untersuchten bei sechs Gesunden zwei bis drei Tage lang Harn und fanden Schwankungen von 1—3 mg. bei länger fortgesetzten Untersuchungen aber auch bis zu 5 mg. REISS u. Mitarb. (1949) machten bei Gesunden im Verlaufe von sechs bis vierzehn Monaten je vier bis sieben Analysen und fanden Streuungen bis zu $\pm$ 1,5 mg/24 Std. WOOSTER (1943) fand bei zehn Analysen bei einem gesunden Erwachsenen etwa $\pm$ 14%. CHOU u. WANG (1939) fanden bei sechzehn Gesunden, die je drei Tage lang untersucht wurden, Schwankungen von $\pm$ 18% bis $\pm$ 30%, aber bei vier Personen, bei denen je vierzehn bis achtzehn Analysen innerhalb eines Jahres durchgeführt wurden, $\pm$ 35% bis zu $\pm$ 61%. Aus Versuchsreihen von CALLOW (1938) ergibt sich eine Streuung von $\pm$ 40 bis $\pm$ 68%. WERNER (1941a, b, 1943) fand bei einige Monate lang fortgesetzten Analysen von 48 Std.-Harnproben bei je fünf Männern und Frauen Schwankungen um $\pm$ 50%, KOWALEWSKI (1950b) bei sieben fortlaufenden 24 Std.-Harnproben von zwanzig Männern $\pm$ 12—29%. VENNING u. KAZMIN (1946) beobachteten bei Analysen an jedem zweiten Tag über einen Zeitraum von zwei Wochen bei vier gesunden Personen Streuungen von etwa $\pm$ 30% bei 17-Ketosteroiden, bis zu $\pm$ 50% bei Corticoiden. Daß diese Schwankungen auf tatsächliche Änderungen wahrer 17-Ketosteroide und nicht etwa auf störende Chromogene zurückzuführen sind, betonen WERNER (1943) und ZIMMERMANN u. HOFSCHLÄGER (1953). Die letzteren Autoren zeigen, daß die Schwankungen bei Untersuchungen an drei aufeinanderfolgenden Tagen, sofern die Wetterlage gleichmäßig bleibt, oft nur $\pm$ 1—9% betragen, dagegen bei laufenden Untersuchungen über ein Jahr hinweg mit 13 bis zu 135 Einzelanalysen je Versuchsperson bei gesunden Erwachsenen $\pm$ 55%, bei erwachsenen Patienten etwa $\pm$ 80%, bei Kindern bis zu $\pm$ 100% ausmachen können, ohne wesentliche Unterschiede zwischen beiden Geschlechtern. Als normal werden von ZIMMERMANN u. HOF-SCHLÄGER (1953) Streuungen bis zu $\pm$ 2 σ um den individuellen Mittelwert angesehen. Von diesen Autoren wird zugleich darauf aufmerksam gemacht, daß man vor allem bei Gesunden mit einer Beeinflussung der Steroidausscheidung durch Witterungsvorgänge rechnen muß, die zwar von Fall zu Fall verschieden groß sein kann, die sich aber bei einem größeren statistischen Material in dem Sinne auswirkt, daß bei antizyklonalem Schönwetter die Tendenz besteht, mehr 17-Ketosteroide auszuscheiden, dagegen bei zyklonalem Schlechtwetter die Tendenz zu erniedrigter 17-Ketosteroid-ausscheidung. Das ist vor allem bei der Auswertung von Versuchsreihen auf die Beeinflussung der Steroidhormonausscheidung durch Pharmaka oder irgendwelche Einflüsse (''stress'') zu beachten, um nicht einen zufällig vorhandenen Wettereinfluß als Versuchsergebnis zu werten. Diese Schwankungen durch Witterungseinflüsse können z. T. recht beträchtlich sein und den 2σ-Bereich weit überschreiten.

Die Variationen von Tag zu Tag werden dann noch überlagert durch allerdings relativ geringe jahreszeitliche Schwankungen (Chou und Wu, 1937; Zimmermann, 1953; Hamburger, 1954).

Abweichungen von der Normalausscheidung können nur dann als solche anerkannt und als Grundlage von Schlußfolgerungen benutzt werden, wenn sie statistisch gesichert sind, es sei denn, daß es sich um Extremwerte handelt, die ohne weiteres als solche erkennbar sind, wie bei Nebennierenrindentumoren einerseits oder M. Addison anderseits.

Aus der Tab. 23 geht hervor, daß die alkoholischen, nicht ketonischen Steroide in etwa gleicher Größenordnung ausgeschieden werden wie die neutralen 17-Ketosteroide (Tompsett, 1951)

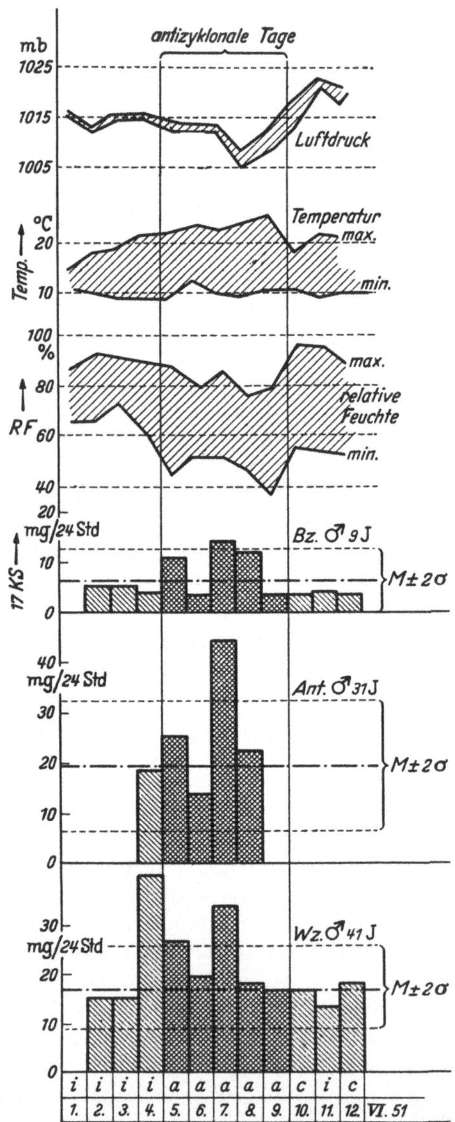

Abb. 14. Beispiel für eine Beeinflussung der 17-Ketosteroidausscheidung durch Witterungseinflüsse: Erhöhte 17-Ketosteroidausscheidung an antizyklonalen Tagen bei drei Gesunden. Nach Zimmermann u. Hofschlaeger: Acta endocrinol. **12**, 225 (1953). [Einfach schraffierte Säulen = 17-KS-Ausscheidung an zyklonalen (*c*) bzw. indifferenten (*i*-)Tagen, doppelt schraffierte Säulen = 17-KS-Ausscheidung an antizyklonalen (*a*-)Schönwettertagen. Durch Horizontallinien ist der individuelle Mittelwert: - · · · · · · und der 2σ-Streubereich: · · · · · gekennzeichnet. mb = Luftdruck in Millibar, T = Temperatur der Luft in °C, RF = relative Feuchte in %. Der Bereich zwischen Maxima und Minima ist bei den meteorologischen Daten schraffiert angegeben.]

und damit beide Gruppen zusammen den überwiegenden Anteil der Steroidausscheidung, soweit bisher bekannt ist, ausmachen. Als Oestrogen-Tagesausscheidungen werden Zahlen von 5 bis 200 γ beim Manne und 10—1000 γ bei der Frau angegeben (GIANNETTASIO, 1953). Bei einer Schwangerschaft nimmt die

Tabelle 22. *Größenordnung des Vorkommens von Steroidhormonen im Blut.*

17-Hydroxy-corticoide	0,03—0,30 mg/l
Progesteron	0,1 - 0,2 mg/l
Phenolische Steroide	0,02—2,0 mg/l
Neutrale 17-Ketosteroide . . .	0,2 —1,3 mg/l

Ausscheidung an oestrogenen, phenolischen Steroiden dann schnell zu, sie beträgt im 1. Monat etwas über 0,1 mg, im 3. Monat etwa 1 mg, im 6.—7. Monat etwa 6 mg und im letzten Monat vor der Geburt etwa 10—20 mg. Pregnandiol wird in der Corpus luteum-Phase zu etwa 3—6 mg/l, in der Schwangerschaft bis zu über 100 mg/Tag ausgeschieden (KAUFMANN u. WESTPHAL, 1947).

Tabelle 23. *Größenordnungsmäßige tägliche Steroidhormonausscheidung bei endokrin nicht gestörten Personen mittleren Lebensalters.*

Gesamte neutrale 17-Ketosteroide	etwa 10—20 mg/24 Std.
20-Ketosteroide außer Corticoiden (nur in der Schwangerschaft u. C.l. Phase von Bedeutung)	in Corpus-luteum-Phase 3—6 mg
Alkoholische, nicht ketonische Steroide . . .	etwa 10—20 mg
Corticoide, frei	etwa 1 mg
Corticoide, gebunden, säurestabil	etwa 3—7 mg
Corticoide, gebunden, säurelabil	10—15 mg
Phenolische Steroide (Oestrogene)	etwa 0,1 mg
zusammen	etwa 40—70 mg

Für die Einsendung von Harnproben zu diagnostischen Routineanalysen an ein Laboratorium werden zweckmäßig Merkblätter ausgegeben, in denen ausgeführt ist, daß 24 bzw. 48 Std. lang durchgehend die gesamte in dieser Zeit gelassene Harnmenge gesammelt werden muß und daß Beimengungen von Stuhl dabei zu vermeiden sind. Das Auslassen auch nur einer Urinportion würde die Durchführung der Analyse sinnlos machen und bedingt Neuanfangen das Sammelns. Den zum Auffangen des Harnes bestimmten Gefäßen wird vorher je 1 cm³ Eisessig oder dgl. (s. Abschnitt Sammlung und Konservierung, S. 3) zugesetzt. Nach Abschluß des Sammelns wird die Gesamtmenge gut gemischt, mengenmäßig genau bestimmt und in cm³ angegeben. Geschätzte Mengenangaben wie „etwa $^3/_4$ l" o. ä. sind unbrauchbar. Von dem gemischten Harn werden zweckmäßig 100—200 cm³ abgefüllt und gut verschlossen zur Untersuchung eingesandt. Dabei ist darauf zu halten, daß jedesmal genaue Angaben über Name, Vorname, Alter und Geschlecht des Patienten gemacht werden und daß die gemessene gesamte Harnmenge in cm³ genau angegeben wird, ebenso auch das Datum der Tage, an denen gesammelt wurde (wichtig bei etwaigem Wettereinfluß). Zweckmäßig ist auch die Angabe von Größe und Gewicht. Soll ein Hormonlaboratorium nicht zu einem Automaten herabgewürdigt werden, dann ist auch eine genaue klinische Diagnose, die sowohl die allgemeine Diagnose als auch besondere Vermutungen in endokrinologischer Hinsicht und Angaben über etwaige Leber- und Nierenstörungen einschließt, unbedingt zu fordern. Es sollte dem Untersucher auch mitgeteilt werden, welche Medikamente gegeben wurden. Bei der Befundmitteilung an einen Einsender werden zweckmäßig Formulare benutzt, auf denen die Kurven der Mittelwerte und ihrer Streuungen in Abhängigkeit von Alter und Geschlecht entsprechend Abb. 11 und 13 vorgedruckt sind und in die dann die gefundenen Ergebnisse eingetragen werden können, so daß offensichtlich ist, ob ein Analysenwert noch in den Normalbereich fällt oder wie weit er davon abweicht.

Literaturverzeichnis.

ABDERHALDEN, E.: Z. physiol. Chem. **139**, 181 (1924).
ABDERHALDEN, R., u. G. ABDERHALDEN: Bull. schweiz. Akad. Wiss. **9** 67—77 (1953).
ADEZATI, L.: Arch. E. Maragliano Pat. **4**, 153 (1952).
ALLEN, W. M.: J. Clin. Endocrin. **10**, 71 (1950).
— S. J. HAYWARD and A. PINTO: J. Clin. Endocrin. **10**, 54 (1950).
ALLEN, E., and E. A. DOISY: J. Amer. Med. Assoc. **81**, 819 (1923).
ANTON, H. U.: Röntgen- u. Laborpraxis **5**, 236 (1952).
APPEL, W.: Verh. dtsch. Ges. inn. Med. Wiesbaden **57**, 49 (1951). München: J. F. Bergmann 1951.
— Klin. Wschr. **1952**, 88.
ARCHIBALD, R. M., and E. STROH: Federat. Proc. **7**, 143 (1948).
ARRHENIUS, S.: Acta endocrinol. (Copenh.) **4**, 192 (1950).
ASHBY, W. R.: J. Ment. Sci. **95**, 275 (1949).
ASTWOOD, E. B., and G. E. S. JONES: J. of Biol. Chem. **137**, 397 (1941).
AXELROD, L. R.: Recent Progr. in Hormone Res. **9**, 69 (1954).
BACHMAN, C.: J. of Biol. Chem. **131**, 455 (1939).
— and D. S. PETITT: J. of Biol. Chem. **138**, 689 (1941).
— D. LECKLEY and B. WINTER: J. Clin. Endocrin. **1**, 142 (1941).
BALASSI, G. P., e C. RICCA: Minerva Ginecol. **3**, 152 (1951).
BARNETT, J., A. A. HENLY and C. J. O. R. MORRIS: Biochemic. J. **40**, 445 (1946a).

BARNETT, J., and C. J. O. R. MORRIS: Biochemic. J. 40, 450 (1946b).
— A. A. HENLY, C. J. O. R. MORRIS and F. L. WARREN: Biochemic. J. 40, 778 (1946c).
BATES, R. W.: Recent Progr. in Hormone Res. 9, 95 (1954).
— and H. COHEN: Federat. Proc. 6, 236 (1947).
— — Endocrinology (Springfield, Ill.) 47, 166, 182 (1950).
BAUER, J.: Med. Klin. 1952, 925.
— u. J. KARL: Dtsch. med. Wschr. 1951, 1528.
— — Z. exper. Med. 118, 425 (1952a).
— — Ärztl. Forsch. 6, I/379 (1952b).
BAUMANN, E. J., and N. METZGER: Endocrinology (Springfield, Ill.) 27. 664 (1940).
BIRKE, G., u. L. O. PLANTIN: Acta med. scand. (Stockh.) 148, Suppl. 291 (1954).
BIRKET-SMITH, E.: Acta endocrinol. (Copenh.) 14, 33 (1953).
BITMAN, J., and S. L. COHEN: Federat. Proc. 8, 184 (1949); 9, 152 (1950).
— — J. of Biol. Chem. 179, 455 (1949).
— — J. of Biol. Chem. 191, 351 (1951).
BITTO: Liebigs Ann. 269, 377 (1892).
BLISS, E. L., A. A. SANDBERG, D. H. NELSON and K. EIK-NES: J. Clin. Invest. 32, 818 (1953).
BOCKENDAHL, H.: Klin. Wschr. 1953, 858.
BONGIOVANNI, A. M.: J. of Pediatr. 39, 606 (1951); J. Clin. Endocrin. 14, 341 (1954).
BOSCOTT, R. J.: Biochemic. J. 48, 47 (1951a).
— J. of Endocrin. 7, 154 (1951b).
BRAUNSBERG, H.: J. of Endocrin. 8, 11 (1952).
BREITNER, J., u. A. EICHSTÄDTER: Ärztl. Forsch. 1954, 457.
BROADBENT, I. E., and W. KLYNE: Biochemic. J. 56, XXX (1954).
BROOKS, C. J. W., and J. K. NORYMBERSKI: Chem. a. Ind. 1952, 804.
BUEHLER, H. J., P. A. KATZMAN and E. A. DOISY: Federat. Proc. 8, 189 (1949); 9, 157 (1950).
— — — Biochemic. J. 50, 370 (1952).
— — P. P. DOISY and E. A. DOISY: Proc. Soc. Exper. Biol. a. Med. 72. 297 (1949).
BUSH, I. E.: Nature (London) 166, 445 (1950); Zit. nach MIGEON u. PLAGER.
— Recent Progr. in Hormone Res. 9, 183, 321 (1953).
BURTON, R. B., A. ZAFFARONI and E. H. KEUTMAN: J. Clin. Endocrin. 8, 618 (1948).
— — — J. of Biol. Chem. 188, 763 (1951); 193, 769 (1951).
BUTENANDT, A.: Naturwiss. 17, 879 (1929).
— Dtsch. med. Wschr. 1929, 55, 2171.
— Ber. dtsch. chem. Ges. 63, 659 (1930).
— u. H. DANNENBAUM: Z. physiol. Chem. 229, 192 (1934).
— u. K. TSCHERNING: Z. angew. Chem. 44, 905 (1931).
BUTT, W. R.: Lancet 1950 I, 208.
— A. A. HENLY and C. J. O. R. MORRIS: Biochemic. J. 42, 447 (1948).
— P. MORRIS, C. J. O. R. MORRIS and D. C. WILLIAMS: Biochemic. J. 49, 434 (1951).
CAHEN, R. L., and W. T. SALTER: J. of Biol. Chem. 152, 489 (1944).
CALLOW, N. H.: Biochemic. J. 33, 559 (1939).
— R. K. CALLOW and C. W. EMMENS: Biochemic. J. 32, 1312 (1938).
— — — and S. W. STROUD: J. of Endocrin. 1, 76 (1939).
CALLOW, R. K.: Lancet 1936, 565.

Callow, R. K.: Proc. Roy. Soc. Med. Lond. **31**, 841 (1938).
— J. of Endocrin. **5**, 67 (1948).
— In Emmens: Hormone Assay, p. 363. New York 1950.
Carroll, K. K., H. T. McAlpine and R. L. Noble: Canad. Med. Assoc. J.
    65, 363 (1951).
Ceresa, F., e P. Gioannini: Minerva med. (Torino) **2**, 1124 (1950).
— e G. F. Rubino: Arch. Sci. med. **91**, 199 (1951).
Chou, C. Y., and C. W. Wang: Chin. J. Physiol. **14**, 151 (1939).
— and H. Wu: Chin. J. Physiol. **11**, 429 (1937).
Cioffari, A., e E. Cossandi: Fol. endocrinol. (Pisa) **3**, 637 (1950).
Clayton, G. W., u. A. M. Bongiovanni: J. clin. Endocrin. **14**, 815 (1954).
Cohen, S. L.: J. of Biol. Chem. **192**, 147 (1951).
— and M. H. Hoffmann: J. Labor. a. Clin. Med. **36**, 769 (1950).
— and G. F. Marrian: Biochemic. J. **28**, 1603 (1934).
— — Biochemic. J. **29**, 1577 (1935).
— and J. B. Onesson: J. of Biol. Chem. **204**, 245 (1953).
Consolazio, W. V., and J. H. Talbott: Endocrinology (Springfield, Ill.)
    27, 355 (1940).
Cook, E. R.: Analyst (London) **77**, 34 (1952).
Corcoran, A. C., and I. H. Page: J. Labor. a. Clin. Med. **33**, 1326 (1948).
— H. P. Dustan and I. H. Page: J. Clin. Invest. **30**, 633 (1951).
— I. H. Page and H. P. Dustan: J. Labor. a. Clin. Med. **36**, 297 (1950).
de Courcy, C., and C. H. Gray: J. of Endocrin. **9**, 391 (1953).
— I. E. Bush, C. H. Gray and J. B. Lunnon: J. of Endocrin. **9**, 401 (1953).
Cox, R. I.: Biochemic. J. **52**, 339 (1952).
— and G. F. Marrian: Biochemic. J. **33**, 348 (1939).
Cuboni, E.: Klin. Wschr. **1934**, 302.
Cuboni, E.: Berl. tierärztl. Wschr. **1936**, 357.
Cuyler, W. K., and M. Baptist: J. Labor. a. Clin. Med. **26**, 881 (1941).
Dannenberg, H., u. G. Preuss: Sitzgsber. Akad. Wiss. Wien., Math.-
    naturwiss. Kl. Nr. 21 (1939).
Dati, T., G. de Angelis e A. Borgia: Ric. Sci. **21**, 1791 (1951).
Daughaday, W. H., H. Jaffé and R. H. Williams: J. Clin. Endocrin.
    8, 166 (1948).
— A. L. Farr and E. Houghton: Endocrinology (Springfield, Ill.) **49**,
    146 (1951).
David, K.: Acta brev. Néerl. **4**, 64 (1934).
Day, E. M. A.: Med. J. Austral. **2**, 122 (1948).
Devis, R.: Ann. d'Endocrin. **12**, 451 (1951).
Dibbelt, L., K. Hinsberg u. H. Esser: Z. physiol. Chem. **289**, 153 (1952).
Diczfalusy, E.: Acta endocrinol. (Copenh.) **10**, 373 (1952).
Dingemanse, E., L. G. Huis in't Veld and B. M. de Laat: J. Clin.
    Endocrin. **6**, 535 (1946).
— — and S. L. Hartogh-Katz: J. Clin. Endocrin. **12**, 66 (1952).
— and L. G. Huis in't Veld: Acta endocrinol. (Copenh.) **7**, 71 (1951).
Dirscherl, W., u. F. Zilliken: Naturwiss. **31**, 349 (1943).
— — Biochem. Z. **319**, 407 (1949a).
— — Biochem. Z. **320**, 57 (1949b).
— — u. H. Breuer: Z. Vit. Horm. Fermentforsch. **6**, 287 (1954).
— u. H. Traut: Klin. Wschr. **1952**, 159.
Dobriner, K., E. Gordon, C. P. Rhoads, S. Lieberman and L. F. Fieser:
    Science (Lancaster, Pa.) **95**, 534 (1942).
— S. Lieberman and C. P. Rhoads: J. of Biol. Chem. **172**, 241 (1948a).

DOBRINER, K., S. AIEBERMAN, C. P. RHOADS, R. N. JONES, V. Z. WILLIAMS and R. B. BARNES: J. of Biol. Chem. **172**, 297 (1948b).
— — — B. R. HILL and L. F. FIESER: Science (Lancaster, Pa.) **99** 449, (1944).
DOISY, E. A., C. D. VELER and S. A. THAYER: Proc. Soc. Exper. Biol. a. Med. **27**, 735 (1930).
— — — Amer. J. Physiol. **90**, 329 (1929).
— — — J. of Biol. Chem. **86**, 499 (1930).
DREKTER, I. J., S. PEARSON, E. BARTCZAK and T. H. McGAVACK: J. Clin. Endocrin. **7**, 795 (1947).
— A. HEISLER u. T. H. McGAVACK: J. Clin. Endocrin. **10**, 841 (1950).
— — G. R. SCISM, S. STERN, S. PEARSON and T. H. McGAVACK: J. Clin. Endocrin. **12**, 55 (1952).
DRIPS, D. G., and A. E. OSTERBERG: Amer. J. Physiol. **129**, 348 (1940a).
— — Endocrinology (Springfield, Ill.) **27**, 345 (1940b).
DUMAZERT, C., et G. VALENSI: C. r. Soc. Biol. (Paris) **146**, 471 (1952).
DUSTAN, H. P., H. L. MASON, A. C. CORCORAN and G. NIKELL: J. Clin. Invest. **32**, 60 (1953).
EHRLICH-GOMOLKA, H., u. F. CEKON: Z. physiol. Chem. **288**, 133 (1951a).
— — Wien. med. Wschr. **1951**, 434(b).
EICHENBERGER, E., u. K. HOFMAN: Gynaecologia (Basel) **133**, 129 (1952).
EIK-NES, K., D. H. NELSON and L. T. SAMUELS: J. Clin. Endocrin. **13**, 1280 (1953).
EISENBRAND, J., u. P. PICHLER: Z. physiol. Chem. **260**, 83 (1939).
ENGEL, L. L.: Recent Progr. in Hormone Res. **5**, 335 (1950); Academic Press New York.
— Recent. Progr. in Hormone Res. **9**, 161 (1954b).
— H. R. PATTERSON, H. WILSON and M. SCHINKEL: J. of Biol. Chem. **183**, 47 (1950a).
— W. R. SLAUNWHITE JR., P. CARTER and I. T. NATHANSON: J. of Biol. Chem. **185**, 255 (1950b).
— G. W. THORN and L. A. LEWIS: J. of Biol. Chem. **137**, 205 (1941).
— u. B. BAGGETT: Recent Progr. in Hormone Res. **9**, 251 (1954). New York: Acad. Press.
ENGSTROM, W. W.: Yale J. Biol. Med. **21**, 21 (1948).
— and H. L. MASON: Endocrinology (Springfield, Ill.) **33**, 229 (1943).
ESCAMILLA, R. F.: Ann. Int. Med. **30**, 249 (1949).
FERRARIS, G.: Minerva Ginecol. (Torino) **4**, 1 (1952).
FIESER, L. F., and M. FIESER: Natural Prod. Relat. to Phenanthrene. New York: Reinhold Publ. Corp. 1949.
FINKELSTEIN, M., S. HESTRIN and W. KOCH: Proc. Soc. Exper. Biol. a. Med. **64**, 64 (1947).
— Proc. Soc. Exper. Biol. a. Med. **69**, 181 (1948).
— Nature (London) **168**, 830 (1951).
— Acta endocrinol. (Copenh.) **10**, 149 (1952); Nature (London) **171**, 254 (1953).
FRAME, E. G.: Endocrinology (Springfield, Ill.) **34**, 175 (1944).
FRASER, R. W., A. P. FORBES, F. ALBRIGHT, H. SULKOWITCH and E. C. REIFENSTEIN: J. Clin. Endocrin. **1**, 234 (1941).
FRIEDGOOD, H. B., and H. L. WHIDDEN: New England J. Med. **220**, 736 (1939).
— — Endocrinology (Springfield, Ill.) **25**, 919 (1939); **27**, 242, 249 (1940).
— — Endocrinology (Springfield, Ill.) **27**, 258 (1940).
— — Endocrinology (Springfield, Ill.) **28**, 237 (1941).

FRIEDGOOD, H. B., E. H. TAYLOR and M. L. WHRIGHT: J. Clin. Endocrin. 3, 638 (1943).
— u. J. B. GARST: Recent Progr. in Hormone Res. 2, 31 (1948).
— — u. A. J. HAAGEN-SMIT: J. of Biol. Chem. 174, 523 (1948).
FRIEDMANN, H. C.: Current Sci. 21, 282 (1952).
GAEDE, K., C. v. HOLT u. K. D. VOIGT: Endokrinologie 29, 242 (1952).
GARDNER, L. I.: J. Clin. Endocrin. 13, 941 (1953).
GARST, J. B., J. F. NYC, D. M. MARON and H. B. FRIEDGOOD: J. of Biol. Chem. 186, 119 (1950).
GERNGROSS, O., K. VOSS u. H. HERFELD:Ber. dtsch. chem.Ges. 66, 435 (1933).
GHILAIN, A., et J. BOUTE: Ann. d'Endocrin. 14, 609 (1953).
GIANNETTASIO, G.: Progr. med. (Neapel) 9, 362 (1953).
GIBSON, J. G., and K. A. EVELYN: J. Clin. Invest. 17, 153 (1938).
GOLDZIEHER, J. W.: Recent Progr. in Hormone Res. 9, 160 (1954).
GORNALL, A. G., and M. P. McDONALD: J. of Biol. Chem. 201, 279 (1953).
GRANT, G. A., and D. BEALL: Recent Progr. in Hormone Res. 5, 307 (1950).
GRASSMANN, W., u. K. HANNIG: Z. physiol. Chem. 290, 1 (1952).
GUINET, P., M. PÉTIGNY et R. BÉTROUX: J. Med. Lyon 1949, 347.
GUTERMAN, H. S.: J. Clin. Endocrin. 4, 262 (1944).
— J. Clin. Endocrin. 5, 407 (1945).
— J. Amer. Med. Assoc. 131, 378 (1946).
HAIN, A. M.: Arch. Dis. Childh. 22, 152 (1947).
HAINES, W. J.: Recent Progr. in Hormone Res. 7, 255 (1952).
HAMBLEN, E. C., R. A. ROSS, W. K. CUYLER, M. BAPTIST and C. ASHLEY: Endocrinology (Springfield, Ill.) 25, 491 (1939).
HAMBURGER, C.: Acta endocrin. (Copenh.) 1, 19 (1948).
— Acta endocrinol. (Copenh.) 9, 129 (1952).
— Acta endocrinol. (Copenh.) 17, 116 (1954).
— u. G. RASCH: Acta endocrinol. (Copenh.) 1, 375 (1948).
HAMILTON, H. B., and J. B. HAMILTON: J. Clin. Endocrin. 8, 433 (1948).
HAMILTON, J. B.: J. Clin. Endocrin. 14, 452 (1954).
HANSEN, L. P., A. CANTAROW, A. E. RAKOFF and K. E. PASCHKIS: Endocrinology (Springfield, Ill.) 33, 282 (1943).
HANSEN, L.: Endocrinology (Springfield, Ill.) 44, 492 (1949).
— Endocrinology (Springfield, Ill.) 46, 207 (1950).
HASLAM, R. M., and W. KLYNE: Lancet 1952, 285(a).
— — Lancet 1952, 399 (b).
HASLEWOOD, G. A. D.: In EMMENS: Hormone Assay, p. 443. New York: Acad. Press 1950.
HÄUSSLER, E. P.: Helvet. chim. Acta 17, 531 (1934).
HEARD, R. D. H., and H. SOBEL: J. of Biol. Chem. 165, 687 (1946).
— — and E. H. VENNING: J. of Biol. Chem. 165, 699 (1946).
— and J. C. SAFFRAN: Recent Progr. in Hormone Res. 4, 43 (1949). New York: Acad. Press 1949.
HECKER, E.: Verteilungsverfahren im Laboratorium. Weinheim: Verlag Chemie 1954.
HEINTZBERGER, H. C.: Diss. Amsterdam 1942.
HELLER, A. L., and R. A. SHIPLEY: J. Clin. Endocrin. 11, 945 (1951).
HELLMANN, H.: Z. physiol. Chem. 288, 95 (1951).
— und P. KARLSON: Naturwiss. 41, 178 (1954).
HELLMAN, L., H. L. BRADLOW, J. ADESMAN, D. K. FUKUSHIMA, J. L. KULP u. T. F. GALLAGHER: J. Clin. Invest. 33, 1106 (1954).
HENDERSON, J., N. F. McLAGAN, V. R. WHEATLEY and J. H. WILKINSON: J. Clin. Endocrin. 6, 41 (1949).

HENLY, A. A., and M. POTTER: Lancet **1952**, 697.

HENRY, R., et M. THÉVENET: Bull. Soc. Chim. biol. (Paris) **33**, 1617 (1951).

HERRNRING, G.: Verh. dtsch. Ges. inn. Med. **57**, 26 (1951).

HERSHBERG, E. B., and L. F. FIESER: J. of Biol. Chem. **136**, 653 (1940).

— and J. K. WOLFE: J. of Biol. Chem. **133**, 667 (1940).

— — and L. F. FIESER: J. of Biol. Chem. **140**, 215 (1941).

HESSE, G.: Angew. Chem. **67**, 9 (1955).

HINSBERG, K.: In Hoppe-Seyler/Thierfelder, Handbuch der physiologischen und pathol. chemischen Analyse, Bd. V, 10. Aufl. Berlin-Göttingen-Heidelberg: Springer-Verlag 1953.

HIOCO, D., and M. SAMTER: J. Clin. Endocrin. **10**, 1570 (1950).

HOFMANN, H., u. HJ. STAUDINGER: Biochem. Z. **322**, 230 (1951a).

— — Naturwiss. **38**, 213 (1951b).

— — Arzneimittelforsch. **2**, 44 (1952).

HOHLWEG, W.: Klin. Wschr. **1944**, 45.

v. HOLT, C., K. D. VOIGT u. K. GAEDE: Biochem. Z. **323**, 345 (1952).

HOLTORFF, A. F., and F. C. KOCH: J. of Biol. Chem. **135**, 377 (1940).

HOOKER, C. W., and T. R. FORBES: Endocrinology (Springfield, Ill.) **44**, 61 (1949).

HORWITT, B. N.: Recent Progr. in Hormone Res. **9**, 160 (1954).

HOYT, R. E., and M. G. LEVINE: J. Clin. Endocrin. **10**, 101 (1950).

HUBER, D.: Biochemic. J. **41**, 609 (1947).

HÜBENER, H. J., E. HOFFMANN u. F. BODE: Z. physiol. Chem. **289**, 102 (1952).

HUMM, F. D., P. L. MUNSON and W. T. SALTER: Endocrinology (Springfield, Ill.) **48**, 225 (1951).

JAFFÉ, M.: Z. physiol. Chem. **10**, 390 (1886).

JAILER, J. W.: Endocrinology (Springfield, Ill.) **41**, 198 (1947).

— J. Clin. Endocrin. **8**, 564 (1948).

JANSSON, J. D.: Acta endocrinol. (Copenh.) **11**, 317 (1952).

JAYLE, M. F.: Ann. d'Endocrin. **12**, 404 (1951).

— et O. CRÉPY: Bull. Soc. Chim. biol. (Paris) **32**, 1067 (1950).

— — Ann. d'Endocrin. **14**, 647 (1953).

— — et O. JUDAS: Bull. Soc. Chim. biol. (Paris) **25**, 301 (1943).

— E. E. BAULIEU et L. GONZALEZ-FLORÈS: Ann. d'Endocrin. **14**, 642 (1953)

— P. DESGREZ, J. SERPICELLI et J. ROZEG: Ann. d'Endocrin. **14**, 877 (1953)

JENSEN, C. C.: Nature (London) **165**, 321 (1950a).

— Acta endocrinol. (Copenh.) **4**, 140 (1950b).

— Acta endocrinol. (Copenh.) **4**, 374 (1950c).

JONES, R. N.: Recent Progr. in Hormone Res. **2**, 3 (1948); New York: Acad. Press Inc. 1948.

JOHNSON, S. G.: Acta endocrinol. (Copenh.) **16**, 386 (1954).

KASSENAAR, A., A. MOLENAAR, J. NIJLAND u. A. QUERIDO: J. Clin. Endocrin. **14**, 746 (1954).

KATZMANN, PH. A., R. F. STRAW, H. J. BUEHLER and E. A. DOISY: Recent Progr. in Hormone Res. **9**, 45 (1954).

KAUFMANN, C., u. U. WESTPHAL: Klin. Wschr. **1947**, 910.

KAZIRO, K., u. T. SHIMADA: Z. physiol. Chem. **249**, 220 (1937).

KELLERT E.: Zit. nach Dtsch. med. Wschr. **1954**, 235.

KELLIE, A. E., E. R. SMITH and A. P. WADE: Biochemic. J. **53**, 578 (1953).

— and A. P. WADE: Biochemic. J. **53**, 582 (1953).

— — Brit. Med. J. **2**, 594 (1953).

KENIGSBERG, S., S. PEARSON and T. H. McGAVACK: J. Clin. Endocrin. **9**, 426 (1949).

KERR, G. W., and W. M. HOEHN: Arch. of Biochem. **4**, 155 (1944).
KICKHÖFEN, B., u. O. WESTPHAL: Z. Naturforsch. **7**b 655 (1952).
KING, N. B., and H. L. MASON: J. Clin. Endocrin. **10**, 479 (1950).
KINSELLA, R. A., R. J. DOISY and J. H. GLICK jr.: Federat. Proc. **9**, 190 (1950).
KIRK, E.: J. Gerontol. **4**, 34 (1949).
KLEIN, B., u. M. WEISSMAN: Acta chem. scand. (Copenh.) **7**, 1125 (1953); zit. nach Angew. Chem. **66**, 237 (1954).
KLEIN, R., C. PAPADATOS, J. FORTUNATO u. C. BYERS: J. Clin. Endocrin. **14**, 815 (1954).
KOBER, S.: Biochem. Z. **239**, 209 (1931).
— Acta brev. néerl. Physiol. **5**, 34 (1935).
— Biochemic. J. **32**, 357 (1938).
KOCHAKIAN, C. D., and G. STIDWORTHY: J. of Biol. Chem. **199**, 607 (1952).
KÖNIG, V. L., F. MELZER, C. M. SZEGO and L. T. SAMUELS: J. of Biol. Chem. **141**, 487 (1941).
KOWALEWSKI, K.: J. Gerontol. **5**, 222 (1950a).
— Ann. d'Endocrin. **11**, 82 (1950b).
KRIEGER, V.: Med. J. Austral **1950**, 678; **1952**, 542.
KRITCHEVSKY, T.: Recent Progr. in Hormone Res. **9**, 177 (1953).
KRITCHEVSKY, T. H., and A. TISELIUS: Science (Lancaster, Pa.) **114**, 299 (1951).
KRUPP, M. A., P. ENGLEMAN, J. E. WELSH and H. T. WRENN: J. Clin. Endocrin. **12**, 1163 (1952).
DE LAAT, B. M.: Acta brev. néerl. **11**, 51 (1941).
LAKSHMANAN, T. K.: Recent Progr. in Hormone Res. **9**, 179 (1953).
LANDAU, R. L.: Amer. J. Clin. Path. **19**, 424 (1949).
LANGECKER, H.: Klin. Wschr. **1952**, 906.
LANGSTROTH, G. O., and N. B. TALBOT: J. of Biol. Chem. **128**, 759 (1939); — — J. of Biol. Chem. **129**, 759 (1939).
— — and A. FINEMAN: J. of Biol. Chem. **130**, 585 (1939).
LEVY, H., and ST. KUSHINSKY: Recent Progr. in Hormone Res. **9**, 357 (1954).
LICHTWITZ, A., P. BARBIER et M. MOUTON: Semaine Hôp. **1947**, 2113, 2119.
LIEBERMANN, S.: Ber. dtsch. chem. Ges. **18**, 1803 (1885).
LIEBERMAN, S. u. K. DOBRINER: Recent Progr. in Hormone Res. **3**, 71 (1948).
— — B. R. HILL, L. F. FIESER and C. P. RHOADS: J. of Biol. Chem. **172**, 263 (1948).
— B. MOND and E. SMYLES: Recent Progr. in Hormone Res. **9**, 113 (1954).
LLOYD, C. W., and J. LOBOTSKY: J. Clin. Endocrin. **10**, 1559 (1950).
— — J. Clin. Endocrin. **11**, 26 (1951).
LOEWE, S.: Klin. Wschr. **1925**, 1407.
— Klin. Wschr. **1926**, 576.
— H. E. VOSS, F. LANGE u. A. WÄHNER: Klin. Wschr. **1928**, 1376.
— — Klin. Wschr. **1930**, 481.
LÖWENSTEIN, B. E., A. C. CORCORAN and I. H. PAGE: Endocrinology (Springfield, Ill.) **39**, 82 (1946).
LORENZINI, P.: Endocrinologia (Bologna) **21**, 131 (1952).
LUFT, R.: Acta med. scand. (Stockh.) **115**, 277 (1943a).
— Acta med. scand. (Stockh.) **115**, 321 (1943b).
MACFADYEN, D. A.: J. of Biol. Chem. **158**, 107 (1945).
MARKER, R. E. et al.: J. Amer. Chem. Soc. **60**, 1067, 1334, 1559 (1938); **61**, 846, 852, 855, 1516 (1939).
MARKS, L. J., u. J. H. LEFTIN: J. Clin. Endocrin. **14**, 1263 (1954).

MARKWARDT, F.: Naturwiss. **41**, 139 (1954).
MARLOW, H. W.: J. of Biol. Chem. **183**, 167 (1950).
MARRIAN, G. F.: Biochemic. J. **23**, 1090, 1233 (1939).
— Biochemic. J. **24**, 435, 1021 (1930).
— Physiol. Rev. **13**, 185 (1933).
— J. of Endocrin. **5**, 71 (1947).
— Recent Progr. in Hormone Res. **9**, 303 (1954).
— and S. L. COHEN: Nature (London) **135**, 1072 (1935).
— — Biochemic. J. **30**, 57 (1936).
MARTI, M.: Helvet. med. Acta **18**, 215 (1951).
MARX, W., and H. SOBOTKA: J. of Biol. Chem. **124**, 693 (1938).
MASON, H. L.: J. Clin. Endocrin. **11**, 743 (1951).
— Recent Progr. in Hormone Res. **9**, 267 (1954).
— and W. W. ENGSTROM: Physiol. Rev. **30**, 321 (1950).
MASUDA, M., and H. C. THULINE: J. Clin. Endocrin. **13**, 581 (1953).
McCULLAGH, D. R., J. SCHNEIDER and F. EMERY: Endocrinology (Spring-
field, Ill.) **27**, 71 (1940).
McGAVACK, TH. H.: Ann. Int. Med. **35**, 961 (1951).
Medical Research Council, Committee Endocrinology: Lancet **1951**, 585.
METZ, B., u. J. SCHWARTZ: J. Physiol. **41**, 236 A (1949).
v. METZSCH, F. A.: Angew. Chem. **65**, 586 (1953).
MIGEON, CL. J., and J. E. PLAGER: Recent Progr. in Hormone Res. **9**,
235 (1954).
MILLER, E. v. O., O. MICKELSEN and A. KEYS: Federat. Proc. **6**, 279 (1947).
MOORE, C. R., T. F. GALLAGHER and F. C. KOCH: Endocrinology (Spring-
field, Ill.) **13**, 367 (1929).
MOORE, S., and W. H. STEIN: Ann. N. Y . Acad. Sci. **49**, 265 (1948).
MOREAU, R. C.: Documentation biol. prat. **5**, 145 (1951).
MORGANO, G., e E. LIVIERATO: Arch. E. Maragliano Path. **5**, 109 (1950).
MORRIS, C. J. O. R.: J. of Endocrin. **5**, 71 (1948).
MUNSON, P. L., and A. D. KENNY: Recent Progr. in Hormone Res. **9**, 135
(1954).
— M. E. JONES, P. J. McCALL and T. F. GALLAGHER: J. of Biol. Chem. **176**,
73 (1948).
NATHANSON, I. T., L. E. TOWNE and J. C. AUB: Endocrinology (Springfield,
Ill.) **24**, 335 (1939);
— — — Endocrinology (Springfield, Ill.) **28**, 851 (1941).
— and W. WILSON: Endocrinology (Springfield, Ill.) **33**, 189 (1943).
NELSON, D. H., and L. T. SAMUELS: J. Clin. Endocrin. **12**, 519 (1952).
— — D. G. WILLARDSON and F. H. TYLER: J. Clin. Endocrin. **11**, 1021
(1951).
NEUKOMM, S. R.: Experientia (Basel) **6**, 62 (1950).
— Schweiz. med. Wschr. **1951**, 833.
NIELSEN, TH.: Acta endocrinol. (Copenh.) **1**, 121 (1948a)
— Acta endocrinol. (Copenh.) **1**, 362 (1948b).
NORYMBERSKI, J. K.: Nature (London) **170**, 1074 (1952).
— Ann. Rheummat Dis. **13**, 59 (1954).
— R. D. STUBBS and H. F. WEST: Lancet **1953**, 1276.
NYC, J. F., D. M. MASON, J. B. GARST and H. B. FRIEDGOOD: Proc. Soc.
Exper. Biol. a. Med. **77**, 466 (1951).
OBERSTE-LEHN, H.: Z. physiol. Chem. **286**, 1 (1950).
OERTEL, G.: Acta endocrinol (Copenh.) **16**, 263, 267 (1954).
PATTERSON, J.: Lancet **1947**, 580.
PEARLMAN, W. H.: Recent Progr. in Hormone Res. **9**, 27 (1954).

PEARSON, S., and S. GIACCONE: J. Clin. Endocrin. 8, 618 (1948).
PETTENKOFER, M.: Liebigs Ann. 52, 90 (1844).
DE PERGOLA, E.: Rass. internaz. Clin. 31, 303 (1951);
— Boll. Soc. ital. Biol. sper. 27, 1269 (1951).
PFEFFER, K. H., u. HJ. STAUDINGER: Z. Vit. Horm. Fermentforsch. 5, 50 (1952).
PFISTER, H.: Biochem. Z. 323, 157 (1952).
PHILIPP, E., u. M. SOETBEER: Med. Welt 1951, 301.
PINCUS, G.: Endocrinology (Springfield, Ill.) 32, 176 (1943a).
— J. Clin. Endocrin. 3, 195 (1943b).
— J. Clin. Endocrin. 5, 291 (1945).
— Recent Progr. in Hormone Res. 5, 379 (1950); 9, 157 (1954).
— and W. H. PEARLMAN: Endocrinology (Springfield, Ill.) 29, 413 (1941a).
— — Science (Lancaster, Pa.) 93, 163 (1941b).
— L. P. ROMANOFF and J. CARLO: J. Clin. Endocrin. 8, 221 (1948).
— G. WHEELER, G. YOUNG and P. A. ZAHL: J. of Biol. Chem. 116, 253 (1936).
— and L. P. ROMANOFF: Federat. Proc. 9, 101 (1950).
POND, H.: Lancet 1951, 906.
— J. of Endocrin. 10, 202 (1954).
PONTIUS, D.: Klin. Wschr. 1953, 1010.
— u. W. ZIMMERMANN: Klin. Wschr. 1954, 90.
PORTER, C. C., and R. H. SILBER: J. of Biol. Chem. 185, 201 (1950).
PUCK, A., H. GÖRTLER u. M. NIEDENHOFER: Arch. Gynäk. 181, 533 (1952).
— K. SIEVERT u. F. MEINICKE: Arch. Gynäk. 182, 414 (1953).
RABINOVITCH, J., J. DECOMBE and A. FREEDMAN: Lancet 1951, 1201.
RAUEN, H. M., u. W. STAMM: Chem. Ing. Technik 1949, 259.
— — Gegenstromverteilung. Berlin, Göttingen, Heidelberg: Springer-Verlag 1953.
RAYMOND, W. D.: Analyst 63, 478 (1938); 64, 113 (1939).
READ, CH. H., E. H. VENNING and M. P. RIPSTEIN: J. Clin. Endocrin. 10, 845 (1950).
REDDY, W. J., D. JENKINS and G. W. THORN: Metabolism 1, 511 (1952).
REISS, M., R. E. HEMPHILL, J. J. GORDON and E. R. COOK: Biochemic. J. 45, 574 (1949).
ROBBIE, W. A., and R. B. GIBSON: J. Clin. Endocrin. 3, 200 (1943).
ROBINSON, A. M.: Brit. J. Cancer 2, 13 (1948).
— Recent Progr. in Hormone Res. 9, 163 (1954).
— and F. GOULDEN: Brit. J. Cancer 3, 62 (1949).
ROGERS, W. F., and H. JAFFE: J. Clin. Endocrin. 8, 1099 (1948).
ROGERS, J., and S. H. STURGIS: J. Clin. Endocrin. 10, 89 (1950).
ROMANOFF, L. P., and R. S. WOLF: Recent Progr. in Hormone Res. 9, 337 (1954).
ROSSI, M.: Ann. Larmos 12, H. 4 (1950a).
— Riv. dell'Istituto Sieroterap. 25, 251 (1950b).
— e M. P. MORASSUTTI: Acta med. Patav. 11, 464 (1950a).
— U. PROSDOCIMI e G. LEOPARDI: Fol. endocrinol. (Pisa) 3, 511 (1950b).
— A. COSTACURTA, M. GIAQUINTO: Fol. endocrinol. (Pisa) 3, 683 (1950c).
RUBIN, B. L., R. I. DORFMAN u. G. PINCUS: Recent Progr. in Hormone Res. 9, 213 (1954).
RUPPERT, A.: Z. ges. exper. Med. 119, 229 (1952).
SABA, G.: J. of Biochem. 29, 371 (1939); 30, 61 (1939).
SAIER, E., R. C. GRAUER and W. F. STARKEY: J. of Biol. Chem. 148, 213 (1943).
— M. WARGA and R. C. GRAUER: J. of Biol. Chem. 137, 317 (1941).
SAKAL, E. H., and E. J. MERRILL: Science (Lancaster, Pa.) 117, 451 (1953).

SALKOWSKI, H.: Z. physiol. Chem. **57**, 523 (1908).
SALTER, W. T.: New England J. Med. **229**, 53 (1943).
— R. L. CAHEN and T. S. SAPPINGTON: J. Clin. Endocrin. **6**, 52 (1946).
SAVARD, K.: Recent Progr. in Hormone Res. **9**, 185 (1954).
SCHIEDT, U., u. H. RESTLE: Z. Naturforsch. **1954**, im Druck; zit. nach
ZANDER u. SIMMER
SCHILLER, S., R. I. DORFMAN and M. MILLER: Endocrinology (Springfield,
Ill.) **36**, 355 (1945).
SCHMIDT, L. H., and H. B. HUGHES: J. of Biol. Chem. **143**, 771 (1942).
SCHMULOWITZ, M. J., and H. B. WYLIE: J. Labor. a. Clin. Med. **21**, 210 (1935).
— — J. of Biol. Chem. **116**, 415 (1936).
SCHNEIDER, G., u. C. WUNDERLY: Schweiz. med. Wschr. **1952**, 445.
SCHREIER, K., u. E. MÜLLER: Dtsch. med. Wschr. **1952**, 86.
— B. KADELIS u. T. ZARSKA: Klin. Wschr. **1952**, 657.
SCHWENK, A., u. E. SCHWENK: Z. Kinderheilk. **71**, 570 (1952a).
— — Z. Kinderheilk. **71**, 580 (1952b).
SCHWENK, E., u. F. HILDEBRANDT: Biochem. Z. **259**, 240 (1933).
SEMMONS, E. M., and E. W. McHENRY: J. Clin. Endocrin. **9**, 852 (1949).
SLAUNWHITE, W. R. jr., L. L. ENGEL, P. C. OLMSTEDT and P. CARTER: J. of Biol.
Chem. **191**, 627 (1951).
SLOAN, CH. H., and G. H. LOWREY: Endocrinology (Springfield, Ill.) **48**,
384 (1951).
SMITH, G. V., and O. W. SMITH: Amer. J. Physiol. **112**, 340 (1935).
SMITH, R. W., R. C. MELLINGER and A. A. PATTI: J. Clin. Endocrin. **14**,
336 (1954).
SOMMERVILLE, I. F., N. GOUGH and G. F. MARRIAN: J. of Endocrin. **5**,
247 (1948).
— G. F. MARRIAN and R. J. KELLER: Lancet **1948**, 89.
SPRECHLER, M.: Acta endocrinol. (Copenh.) **2**, 70 (1949).
— Acta endocrinol. (Copenh.) **4**, 205 (1950).
— Acta endocrinol. (Copenh.) **7**, 330 (1951).
STAEMMLER, H. J.: Klin. Wschr. **1952**, 950.
STARY, Z.: Briefl. Mitteilung vom 5. 5. 53.
STAUDINGER, HJ., u. M. SCHMEISSER: Z. physiol. Chem. **283**, 54 (1948).
— — Biochem. Z. **321**, 83 (1950).
— u. V. BAUER: Klin. Wschr. **1954**, 330.
STEVENSON, M. T., and G. F. MARRIAN: Biochemic. J. **41**, 507 (1947).
STITCH, S. R., and I. D. K. HALKERSTON: Nature (London) **172**, 398 (1953).
STIMMEL, B. F.: J. of Biol. Chem. **153**, 327 (1944).
— J. of Biol. Chem. **162**, 99 (1946a).
— J. of Biol. Chem. **165**, 73 (1946b).
— Endocrinology (Springfield, Ill.) **49**, 145 (1951).
— J. D. RANDOLPH and W. W. CONN: J. Clin. Endocrin. **12**, 371 (1952).
STRÖDER, J., H. ZEISEL u. E. KÖLITZ: Klin. Wschr. **1952**, 980.
SULMAN, F. G.: Acta endocrinol. (Copenh.) **15**, 193 (1954).
SZEGO, C. M., and L. T. SAMUELS: J. of Biol. Chem. **151**, 587 (1943).
TALBOT, N. B., and G. O. LANGSTROTH: Endocrinology (Springfield, Ill.) **25**,
729 (1939).
— A. M. BUTLER, E. A. McLACHLAN u. R. N. JONES: J. of Biol. Chem. **136**,
365 (1940a).
— — — J. of Biol. Chem. **132**, 595 (1940b).
— — — New England J. Med. **223**, 369 (1940c).
— J. K. WOLFE, E. A. McLACHLAN, F. KARUSH and A. M. BUTLER: J. of
Biol. Chem. **134**, 319 (1940d).

TALBOT, N. B., R. A. BERMAN and E. A. McLACHLAN: J. of Biol. Chem. **143**, 211 (1942).
— — — and J. K. WOLFE: J. Clin. Endocrin. **1**, 668 (1941).
— and A. M. BUTLER: J. Clin. Endocrin. **2**, 724 (1942).
— J. RYAN and J. K. WOLFE: J. of Biol. Chem. **148**, 593 (1943a).
— A. M. BUTLER, R. A. BERMAN, F. RODRIGUEZ and E. A. McLACHLAN: Amer. J. Dis. Childr. **65**, 364 (1943b).
— and I. V. EITINGON: J. of Biol. Chem. **154**, 605 (1944).
— A. H. Saltzmann, R. L. Wixom and J. K. Wolfe: J. of Biol. Chem. **160**, 535 (1945).
— M. S. WOOD, J. WORCESTER, E. CHRISTO, A. M. CAMPBELL and A. S. ZYGMUNTOWICZ: J. Clin. Endocrin. **11**, 1224 (1951).
TANSEY, R. P., and J. M. CROSS: J. Amer. Pharm. Assoc. **39**, 660 (1950).
TOMPSETT, S. L.: J. of Endocrin. **6**, 192 (1949a).
— J. Clin. Path. **2**, 126 (1949b).
— J. Clin. Path. **3**, 287 (1950).
— J. Clin. Path. **6**, 74 (1953).
— J. Clin. Endocrin. **11**, 61 (1951).
TOMPSETT, S. L., and E. G. OASTLER: Glasgow Med. J. **27**, 281 (1946).
— — Glasgow Med. J. **28**, 349 (1947).
— — Glasgow Med. J. **29**, 133 (1948).
— and D. C. SMITH: J. Clin. Endocrin. **14**, 922 (1954).
VÁNEK, R., et R. DEVIS: Ann. d'Endocrin. **15**, 201 (1954).
VENNING, E. H.: J. of Biol. Chem. **119**, 473 (1937).
— J. of Biol. Chem. **126**, 595 (1938).
— and J. S. L. BROWNE: Proc. Soc. Exper. Biol. a. Med. **34**, 792 (1936).
— — Ann. New York Acad. Sci. **50**, 627 (1949).
— and V. KAZMIN: Endocrinology (Springfield, Ill.) **39**, 131 (1946).
— K. A. EVELYN, E. V. HARKNESS and J. S. L. BROWNE: J. of Biol. Chem. **120**, 225 (1937).
— I. DYRENFURTH and V. E. KAZMIN: Recent Progr. in Horm. Res. 8, 27 (1953).
VESTERGAARD, P.: Acta endocrinol. (Copenh.) **8**, 193 (1951).
— Acta endocrinol. (Copenh.) **13**, 241 (1953).
VIALE, L.: Arch. E. Maragliano Pat. **4**, 191 (1949).
— V. CARNESECCHI, E. LIVIERATO e C. RAVAZZONI: Arch. E. Maragliano Pat. **4**, 795 (1949).
VIERORDT, K.: Die Anwendung des Spektralapparates zur Photometrie der Absorptionsspektren und zur quantitativen chemischen Analyse. Tübingen 1873.
VOGT, M.: J. Physiol. **103**, 317 (1944).
— J. Physiol. **104**, 60 (1945).
VOIGT, K. D., and J. BECKMANN: Acta endocrinol. (Copenh.) **13**, 19 (1953).
— — Acta endocrinol (Copenh.) **15**, 251 (1954).
VOSS, H. E.: Z. physiol. Chem. **250**, 218 (1937).
WALTER, K.: Klin. Wschr. **1952**, 474.
DE WATTEVILLE, H.: Gynec. Obstetr. **49**, 155 (1950).
— R. BORTH and M. GSELL: J. Clin. Endocrin. **8**, 982 (1948).
WEISSBECKER, L.: Klin. Wschr. **1953**, 143(a).
— Freiburger Symposion: Probleme des Hypophysen-Nebennierenrinden-systems, p. 138. Berlin-Göttingen-Heidelberg: Springer-Verlag 1953 (b), p. 139, 1953 (c).
— u. W. RUPPEL: Verh. dtsch. Ges. inn. Med. **57**, 37 (1952).
— u. HJ. STAUDINGER: Klin. Wschr. **1951**, 59.
WERNER, S. C.: J. Clin. Invest. **20**, 21 (1941a).

WERNER, S. C.: J. Clin. Endocrin. **1**, 951 (1941 b).
— J. Clin. Invest. **22**, 395 (1943).
WEST, H. F.: Vortrag VIIIe Congrès internat. d. Maladies Rhum. Genève 24.—28. Août 1953.
— and D. C. SMITH: J. clin. Endocrin. **14**, 922 (1954).
— F.H.TYLER, H. BROWN and L.T. SAMUELS: J.Clin.Endocrin. **11**,897 (1951).
WESTPHAL, U.: Ber. dtsch. chem. Ges. **70**, 2128 (1937).
— Z. physiol. Chem. **281**, 14 (1944).
WIELAND, H.,W. STRAUB u. T. DORFMÜLLER: Z. physiol.Chem. **186**,97 (1929).
WILSON, H.: Recent Progr. in Hormone Res. **9**, 154 (1954).
— u. P. CARTER: Endocrinology (Springfield, Ill.) **41**, 417 (1947).
— and I. T. NATHANSON: Endocrinology (Springfield, Ill.) **37**, 208 (1945).
WOLFE, J. K., E. B. HERSHBERG and L. F. FIESER: J. of Biol. Chem. **136**. 653 (1940).
WOLFSON, W. Q.: J. Clin. Endocrin. **14**, 100 (1954).
— M. CHAMBLISS u. W. D. ROBINSON: J. Clin. Endocrin. **13**, 851 (1953).
WOODWARD, R. B.: J. Amer. Chem. Soc. **63**, 1123 (1941).
WOOSTER, W.: J. Clin. Endocrin. **3**, 483 (1943).
WU, H., and C. Y. CHOU: Chin. J. Physiol. **11**, 413 (1953).
ZAFFARONI, A.: Recent Progr. in Hormone Res. **6**, 243 (1951); **8**, 51 (1953).
— R. B. BURTON and E. H. KEUTMAN: J. of Biol. Chem. **177**, 109 (1949).
— — — Science (Lancaster, Pa.) **111**, 6 (1950).
— — J. of Biol. Chem. **193**, 749 (1951).
ZANDER, J.: Klin. Wschr. **1953**, 317.
— u. H. SIMMER: Klin. Wschr. **1954**, 529.
ZARROW, M. X., P. L. MUNSON and W. T. SALTER: J. Clin. Endocrin. **10**. 692 (1950).
ZECHMEISTER, L.: Progr. in Chromatography. London: Chapman a. Hall Ltd. 1950.
ZIMMERMANN, W.: Z. physiol. Chem. **233**, 257 (1935).
— Z. physiol. Chem. **245**, 47 (1936a).
— Chem. Diss. Bonn 1936 b.
— Klin. Wschr. **1938**, 1103.
— Habilitationsschrift Breslau 1943.
— Vitamine u. Horm. (Leipzig) **5**, 1 (1944a).
— Vitamine u. Horm. (Leipzig) **5**, 124 (1944 b).
— Vitamine u. Horm. (Leipzig) **5**, 152 (1944 c).
— Vitamine u. Horm. (Leipzig) **5**, 170 (1944 d).
— Vitamine u. Horm. (Leipzig) **5**, 237 (1944 e).
— Vitamine u. Horm. (Leipzig) **5**, 260 (1944 f).
— Vitamine u. Horm. (Leipzig) **5**, 276 (1944 g).
— Schweiz. med. Wschr. **1946**, 805.
— Dtsch. med. Wschr. **1951**, 1363(a).
— Ztschr. Vit. Horm. Fermentforsch. **4**, 456 (1951) (b).
— Arzneimittelforsch. **1**, 396 (1951) (c).
— Vortrag Tübingen 3. 3. 1953.
— H. U. ANTON u. D. PONTIUS: Z. physiol. Chem. **289**, 91 (1952).
— u. J. HOFSCHLÄGER: Acta endocrinol. (Copenh.) **12**, 225 (1953).
— u. D. PONTIUS: Z. physiol. Chem. **297**, 157 (1954)
ZYGMUNTOWICZ, A. S., M. WOOD, E. CHRISTO and N. B. TALBOT: J. Clin. Endocrin. **11**, 578 (1951).

Namenverzeichnis.

Sachverzeichnis[1].